Albrecht Beutelspacher

Null, unendlich und die wilde 13

Albrecht Beutelspacher

Null, unendlich und die wilde 13

Die wichtigsten Zahlen
und ihre Geschichten

C.H.Beck

Mit 24 Abbildungen und 8 Tabellen
sowie 2 Illustrationen von Lukas Wossagk

Die ersten drei Auflagen dieses
Buches erschienen 2020.
4., durchgesehene Auflage. 2021

5. Auflage. 2022

www.chbeck.de
Umschlaggestaltung: geviert.com, Nastassja Abel
Umschlagillustration: © Lukas Wossagk
Satz: Fotosatz Amann, Memmingen
Druck und Bindung: CPI, Ulm
Gedruckt auf säurefreiem und alterungsbeständigem Papier
Printed in Germany

ISBN 978 3 406 74967 4

myclimate
klimaneutral produziert
www.chbeck.de/nachhaltig

Inhalt

Vorwort

Zahlen wurden schon vor 30 000 Jahren erfunden, vermutlich aus praktischen Gründen. Damals wurden Strichlisten angelegt, mit denen offenbar etwas gezählt wurde. Die Verwendung von Zahlen markiert den Übergang von qualitativen, subjektiv gefärbten Einschätzungen zu quantitativen und damit objektiven Feststellungen. Man kann die Frage nach mehr oder weniger oder nach gleich viel durch Zahlen objektiv und damit «gerecht», ohne Beeinflussung durch Rang, Macht oder Ansehen eines der Kontrahenten, entscheiden.

Neben ihrer Verwendung zur Lösung praktischer Probleme spielten Zahlen von Anfang an auch eine wichtige Rolle für das Verständnis der Welt. In allen Kulturen wurde die kosmologische Frage gestellt: «Warum und wie und nach welchen Regeln bewegen sich Sonne, Mond und Sterne?» Diese Frage wurde in vielen Mythen aufgegriffen, aber auch wissenschaftlich behandelt, indem Beobachtungen durch Zahlen in Tabellen festgehalten und daraus Vorhersagen generiert wurden. Die wissenschaftliche Astronomie begann, als man versuchte, die Beobachtungen festzuhalten. Hier leisteten die Mathematiker in Mesopotamien ab dem 3. Jahrtausend v. Chr. Bahnbrechendes.

Bei den Pythagoreern im 6. Jahrhundert v. Chr. gewannen die Zahlen eine neue Bedeutung. Damals war die zentrale wissenschaftliche Frage die Frage nach dem Urgrund des Seins, nach dem, was die Welt möglich macht und am Leben hält. Darauf wurden sehr unterschiedliche Antworten gegeben, für Pythagoras (um 570–nach 510 v. Chr.) war die

Antwort klar: Die *Zahl* ist die entscheidende Grundlage. Das bedeutete nicht nur, dass man in den Phänomenen der Welt Zahlen entdecken und die Welt mit Zahlen beschreiben kann, sondern vor allem, dass Zahlen dem Getriebe der Welt zugrunde liegen, dass die Welt durch Zahlen strukturiert ist und ohne Zahlen prinzipiell nicht funktionieren könnte.

Zahlen haben, so können wir das bisher Gesagte zusammenfassen, insgesamt eine große Bedeutung. Sie sind ein Schlüssel zur Welt.

Was für die Zahlen insgesamt gilt, könnte auch für einzelne Zahlen Gültigkeit haben. Jedenfalls liegt diese Annahme nahe. Deshalb fragen wir in diesem Buch: Haben einzelne Zahlen spezifische Bedeutungen? Allgemeiner gefragt: Hat jede Zahl eine Bedeutung, hat sie sozusagen einen individuellen Charakter? Ist jede Zahl ein Schlüssel zu einem Teil der Welt?

Auf diese Frage gibt es zwei extreme Antworten.

Die erste Antwort lautet: Bei den Zahlen ist eine wie die andere. Keine zeichnet sich vor den anderen aus. Alle Zahlen sind gleich interessant und deshalb als Individuen uninteressant. Zahlen machen nur als Masse Sinn.

Vor den geistigen Augen der Vertreter dieser These erscheinen die Zahlen als Punkte auf der Zahlengeraden, die wie auf einer unendlich langen Perlenkette aufgereiht sind. Aus dieser Sicht sind Fragen wie «Bei welcher Zahl beginnen wir mit dem Zählen?» oder «In welche Richtung zählen wir?» vollkommen irrelevant, weil sich die Zahlen zum Verwechseln ähnlich sehen. Die Namen für Zahlen sind dann nur oberflächliche Bezeichnungen, die nichts mit dem Wesen der Zahl zu tun haben.

Die zweite Antwort ist der ersten diametral entgegengesetzt und besagt: Jede Zahl ist etwas Besonderes, keine ist wie die andere, und jede hat einen spezifischen Charakter.

Mathematiker untermauern diese Sicht manchmal, indem sie behaupten, dass alle Zahlen interessant seien, und stützen diese Behauptung sogar mit einem «Beweis»: Angenommen, es gäbe uninteressante Zahlen. Dann gäbe es auch eine kleinste uninteressante Zahl – das ist aber zweifellos eine höchst interessante Eigenschaft.

Ich neige der zweiten These zu, wenn auch in abgeschwächter Form: Vermutlich ist nicht jede Zahl interessant, aber viele haben einen ausgeprägten Charakter, und unter den kleinen Zahlen sind es besonders viele. Dass verschiedene Zahlen unterschiedliche Charaktere haben, leuchtet eigentlich unmittelbar ein. Denken Sie an die Zahlen 6, 7 und 8. Sie werden nicht nur sagen: Diese Zahlen folgen aufeinander wie Hausnummern, sondern zu jeder dieser Zahlen wird Ihnen etwas einfallen, was auf die anderen beiden nicht zutrifft.

Was macht eine Zahl interessant? Natürlich ihre mathematischen Eigenschaften, aber auch die Geschichten, die über sie erzählt werden, sozusagen die Rezeptionsgeschichte der Zahl. In diesem Buch sollen beide Aspekte zu Wort kommen und danach gefragt werden, ob und wie sie zusammenhängen. Zum Beispiel kann man fragen, ob die mathematischen Eigenschaften einer Zahl auch eine Erklärung für ihre kulturgeschichtliche Bedeutung oder ihren alltäglichen Gebrauch sein können.

Bei mathematischen Eigenschaften einer Zahl denken wir an Fragen wie: Kann sie durch viele Zahlen geteilt werden oder ist sie eine Primzahl? Ist sie eine Quadratzahl? In welcher Beziehung steht sie zu anderen Zahlen? Ist sie eine irrationale Zahl?

Bei außermathematischen Eigenschaften von Zahlen fallen

uns zum Beispiel folgende Aspekte ein: Märchenzahlen, Zahlen in den Religionen, die Zahlen der Natur, aber auch Geschichten, die uns nicht nur von der Mathematik, sondern von Mathematikern erzählen.

***

Jeder Zahl, die in diesem Buch zu Wort kommt, ist ein eigener Abschnitt gewidmet. Sie können etwas erfahren über kleine Zahlen (wie 1, 2, 3 und 0), über große Zahlen (wie die größte Zahl, auf die jemals ein Mensch gezählt hat) und auch über Zahlen wie $\sqrt{2}$ oder die Kreiszahl π.

Jede dieser Zahlen erhält ungefähr gleich viel Platz – obwohl man über manche Zahl dicke Bücher schreiben könnte (und das auch getan hat). Sie können die Abschnitte in beliebiger Reihenfolge lesen; fangen Sie einfach bei Ihrer Lieblingszahl an oder bei einer Zahl, bei der Sie sich fragen, was man über sie überhaupt erzählen kann.

Sie brauchen zur Lektüre dieses Buches keinerlei mathematische Vorkenntnisse – aber Sie werden ganz nebenbei, und ohne dass es wehtut, immer wieder etwas aus der Mathematik erfahren. Wenn es zu der jeweiligen Zahl passt, werden Themen angerissen wie Binärzahlen, Dreieckszahlen und vollkommene Zahlen oder Kugelpackungen, Pascalsches Dreieck und platonische Körper oder Irrationalität, Unendlichkeit und ungelöste Probleme.

~~~~~~~~~~~~~~~~

Bei den meisten Abschnitten folgt «unterm Strich» noch ein Postskriptum mit zusätzlichen Informationen. Manchmal zur Mathematik der entsprechenden Zahl, manchmal auch zu etwas anderem.
~~~~~~~~~~~~~~~~

Mein Dank gilt vielen Menschen, die mich in den vergangenen Jahren angeregt haben, über einzelne Zahlen oder auch über die Zahlen insgesamt nachzudenken, zu sprechen und zu schreiben. Diese Impulse und Erfahrungen waren ein wertvoller Input für dieses Buch: Manche Anregungen habe ich übernommen, manche erweitert, einige habe ich korrigiert und einige weggelassen, manche waren das ersehnte Puzzleteil, und manche entpuppten sich als wahres Juwel.

Ich hoffe, dass die Texte insgesamt erhellende Einblicke in die Welt der Zahlen öffnen und, zumindest exemplarisch, ihre Funktion zum Verständnis unserer realen und mentalen Welt zeigen.

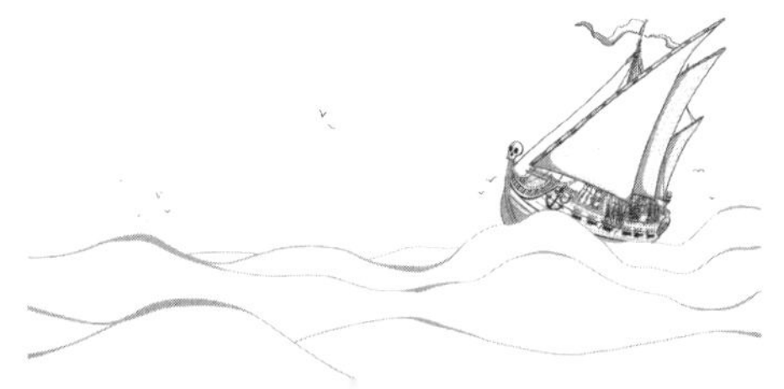

1

Es kann nur eine geben

Die Eins wurde lange Zeit nicht als Zahl angesehen, sondern sie galt als eine «Einheit», aus der sich alle Zahlen ergeben. Das ist zum Beispiel der Standpunkt Euklids, der zu Beginn des Buches VII seiner *Elemente* (ca. 300 v. Chr.) zunächst versucht, den Begriff «Einheit» zu definieren: «Einheit ist das, wonach jedes Ding eines genannt wird.» Dann fährt er viel inhaltsreicher fort: «Zahl ist die aus Einheiten zusammengesetzte Menge.»

In vielen Kulturen steht die Eins in der Tat für etwas Einzigartiges, das durch Zählen nicht erfassbar ist: In Ägypten gehört die Eins zum Schöpfergott Ptah, in Mesopotamien wurde sie mit dem Gott Anu identifiziert. In monotheistischen Religionen steht die Eins für die Einzigkeit Gottes. Der jüdisch-christliche Gott verlangt im ersten Gebot: «Ich bin der Herr, dein Gott, du sollst keine anderen Götter neben mir haben.» Und im Koran heißt es über Allah: «Er ist Gott, außer dem es keinen Gott gibt.»

Tatsächlich ist die Eins etwas Grundlegendes. Zum Beispiel beginnt das Zählen mit der Eins. Sie ist die erste Zahl und, könnte man fast sagen, die einzige, jedenfalls die wichtigste, denn aus ihr setzen sich – ganz im Sinne Euklids – alle anderen Zahlen zusammen. Die Eins sieht jede Zahl nur als eine Zusammenstellung von ihresgleichen: 5 ist $1 + 1 + 1 + 1 + 1$; daher besteht die Zahl 5 aus fünf Einsen. Entspre-

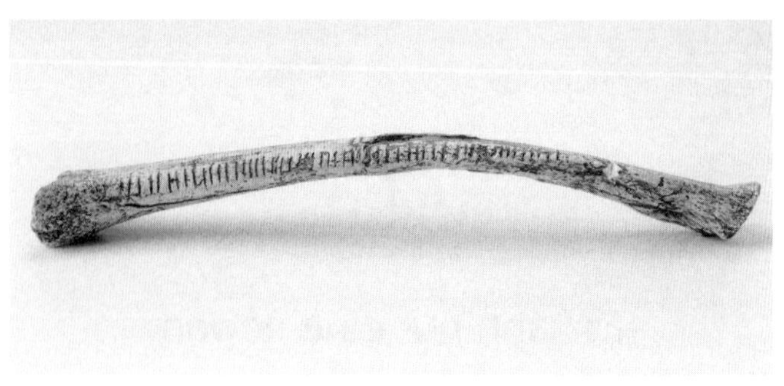

chend setzt sich die Zahl 12 aus zwölf Einsen zusammen, und eine Billion ist die Summe von einer Billion Einsen.

Und zumindest das macht die Eins einzigartig. Keine andere Zahl hat die Eigenschaft, dass man durch fortgesetzte Addition der Zahl alle natürlichen Zahlen erreichen kann: Durch sukzessive Addition von 2 erhält man nur die geraden Zahlen, durch mehrfache Addition von 3 nur die durch 3 teilbaren Zahlen und so weiter. Nur mit der Eins erhält man alle Zahlen. Aus Sicht der Eins besteht keinerlei Notwendigkeit für andere Zahlen.

Die Darstellung einer natürlichen Zahl als Summe von Einsen ist nur der mathematische Ausdruck des Aneinanderfügens von Strichen zu einer Strichliste, die als erste Zahlendarstellungen überliefert sind. Schon vor 30 000 Jahren haben die Menschen Zahlen dargestellt, indem sie Kerben in Knochen eingeritzt haben. Berühmt ist der «Wolfsknochen», der in der Mammutjägersiedlung Dolní Věstonice in Tschechien gefunden wurde (siehe oben). Auf ihm kann man die Zahlen 25 und 30 durch sehr regelmäßige Striche erkennen. Warum diese Zahlen so aufwändig geschrieben wurden und was damit gezählt wurde, wissen wir allerdings nicht.

Heute ist die Eins selbstverständlich als Zahl anerkannt. Es ist die Zahl, mit der das Zählen beginnt. Sie bildet den

Anfang der Zahlen, in gewissem Sinne ist sie die erste Zahl. Erster zu sein ist etwas ganz Besonderes.

Wenn etwas zum ersten Mal stattfindet, bekommt dieses Ereignis sozusagen den Stempel «Eins»; dieser kann ihm nie mehr aberkannt werden. Das war so, als Wilhelm Conrad Röntgen am 8. November 1895 abends im Physikalischen Institut der Universität Würzburg «eine neue Art von Strahlen» entdeckte, die später so genannten Röntgenstrahlen. Ein anderes erstes Mal geschah am 29. Mai 1953, als der Neuseeländer Edmund Hillary und sein Sherpa Tenzing Norgay als Erste den Gipfel des Mount Everest, des höchsten Bergs der Welt, erreichten. Und auch der erste Schritt eines Menschen auf dem Mond, den Neil Armstrong am 21. Juli 1969 um 02:56:15 UTC tat, war ein Nummer-1-Ereignis.

~~~

Die Eins hat ein sensationelles Alleinstellungsmerkmal. Das erkennt man, wenn man viele Zahlen betrachtet, zum Beispiel die Längen der Flüsse Europas oder die ersten 1000 Primzahlen oder die Zahlen auf der Titelseite einer Zeitung. Man kann jeweils fragen: Wie viele dieser Zahlen beginnen mit der Ziffer 1? Wie viele mit der Ziffer 2? Und wie viele mit der Ziffer 9? Die meisten Menschen sind vermutlich davon überzeugt, dass das im Durchschnitt gleich viele sein müssten, also jeweils etwa 11 Prozent.

Aber das ist nicht richtig: Über 30 Prozent aller Zahlen beginnen mit 1, noch 17 Prozent mit 2 und kümmerliche 4,6 Prozent mit der Ziffer 9. Dieses «Benfordsche Paradoxon» ist nach dem Physiker Frank Benford (1883–1948) benannt, der dieses Phänomen 1938 als Zweiter beschrieben hat. Der eigentliche Entdecker war 1861 der Mathematiker Simon Newcomb (1835–1909).
~~~

Benford hatte das Phänomen an Logarithmentafeln entdeckt; diese waren vorne, wo die Zahlen aufgeführt sind, die mit einer 1 beginnen, viel stärker abgegriffen als die Seiten im hinteren Teil der Bücher. Heute wird vermutlich bei jeder Computertastatur die Taste mit der 1 häufiger ausfallen als die anderen Zifferntasten, weil sie viel öfter benutzt wird.

Am Beispiel der Einwohnerzahlen der größten Städte Deutschlands wird das Phänomen deutlich. Es gibt viel mehr Städte, deren Einwohnerzahlen kleine Anfangsziffern haben als große:

Anfangsziffer der Einwohnerzahl	1	2	3	4	5	6	7	8	9
Anzahl der Städte	340	320	133	87	50	24	20	12	12

Die Erklärung ist einsichtig. Es gibt viele Städte mit 100 000 bis 199 999 Einwohnern (in Deutschland 41), schon weniger mit 200 000 bis 299 999 Einwohnern (in Deutschland 17) und noch weniger, deren Einwohnerzahl zwischen 300 000 und 399 999 liegt, nämlich gerade mal 6.

2

Die Zahl, die den Unterschied macht

Es ist nicht gut, dass die Eins allein sei. Daher folgt auf die Eins die Zwei.

Aber Achtung: Die Zwei kommt zur Eins wie Eva zu Adam. Eva war nicht einfach nur ein weiterer Mensch, sondern sie war ganz anders als Adam. Mit Eva änderte sich alles.

Die Zwei ist keine zweite Eins, sie vergrößert die Eins nicht nur, sie ist nicht nur eins mehr, sondern sie ist etwas ganz anderes. Mit der Zwei ändert sich alles.

Wann und wie die Menschen zum ersten Mal auf zwei gezählt haben, kann man nur vermuten. Vielleicht hat es damit begonnen, dass die Menschen beim Gehen gesungen und dabei die abwechselnde Benutzung des linken und rechten Beins durch zwei verschiedene Töne untermalt haben. Oder damit, dass sie ihre Kinder in den Schlaf gewiegt und die Hin- und Herbewegung durch Laute unterstützt haben.

Dieses unbewusste Wahrnehmen zweier verschiedener Zustände muss irgendwann bewusst geworden sein. Man machte sich rechts und links klar, man unterschied oben und unten, man nahm vorwärts und rückwärts als zwei verschiedene Richtungen wahr – und die Zwei war geboren.

Zunächst war die Zwei keine Zahl, ja nicht einmal der Anfang des Zählens, sondern eine spezielle Form des Plurals:

der «Zweier-Plural», den man «Dual» nennt. Mit diesem werden zwei Objekte bezeichnet, aber nicht irgendwelche, sondern solche, die in einer Beziehung stehen. Im Deutschen schwingt diese alte Form noch in dem Wort «beide» mit. Man soll beide Seiten berücksichtigen, man steht mit beiden Beinen im Leben.

Irgendwann entwickelte sich aus diesen Grunderfahrungen die Zahl 2. Einer der ersten Schritte bestand vielleicht darin, dass den Menschen bewusst wurde, dass die Welt etwas von ihnen Getrenntes, etwas anderes ist.

Zwei sagen können heißt nämlich, zwischen mir und der Welt unterscheiden zu können. Das bedeutet, die Welt als etwas von mir Verschiedenes, etwas anderes, ja als etwas Fremdes in den Blick zu nehmen. Mag die Welt klein oder groß, vertraut oder unheimlich, angenehm oder anstrengend sein – sie ist jedenfalls etwas anderes als ich. Es gibt neben mir noch etwas anderes. Das Zweite.

Kurz: Zwei ist die Zahl des klaren Unterschieds.

Auf zwei zählen können heißt, bei jedem Gegenstand, jedem Phänomen zu fragen: Gibt es das nur einmal oder noch einmal? Wir entdecken an uns zwei Augen, zwei Hände, zwei Füße. Wir sehen Zwillinge, die sich gleichen wie ein Ei dem anderen, wir erkennen unser Ebenbild im Spiegel, und wir erfreuen uns an Verliebten, die durch ihre Umarmung ihre Unzertrennlichkeit zeigen.

Die Zusammengehörigkeit der beiden Hälften wird durch Symmetrie vermittelt. Eine Hälfte spiegelt sich, und aus Bild und Urbild entsteht eine neue Einheit. Durch die Symmetrie werden die beiden Hälften unterschieden und gleichzeitig zusammengebunden. In der Tat schafft Symmetrie den engsten Zusammenhang zwischen zwei Objekten.

Wir benutzen die Symmetrie in Bildern, um Gleichheit, Ähnlichkeit oder eine besonders enge Beziehung zu dokumentieren oder zu wünschen. Menschen, die völlig unterschiedlich sind oder zu sein scheinen, werden durch ein symmetrisches Arrangement in eine enge Beziehung gebracht, die sie auf ewig verbindet. Denken Sie an die ikonischen Bilder von Max und Moritz, Dick und Doof, oder stellen Sie sich Hochzeitsbilder vor, auf denen das Brautpaar in einträchtiger Symmetrie vereint ist.

Kurz: Zwei ist die Zahl der Symmetrie.

Zwei denken können heißt, bei jedem Phänomen zu fragen: Gibt es auch das Gegenteil davon? Uns fallen viele solche Gegensatzpaare ein: Tag und Nacht, Himmel und Erde, Nord und Süd, Ost und West, plus und minus, gut und böse, arm und reich, heiß und kalt, Mann und Frau, Leben und Tod, ...

Wir lieben es, zu unterscheiden und einzuteilen. Damit verschaffen wir uns einen ersten Überblick, wir erhalten Orientierung und Einsicht, wir gewinnen Sicherheit. Unterscheiden tut uns gut. Wer unterscheidet, hat mehr vom Leben.

Kurz: Zwei ist die Zahl der polaren Gegensätze.

Eine fundamentale Unterscheidung in der Welt der Zahlen haben schon die Pythagoreer im 6. Jahrhundert v. Chr. erkannt, nämlich die Aufteilung in gerade und ungerade Zahlen. Eine Zahl ist gerade, wenn man sie ohne Rest durch 2 teilen kann, andernfalls wird sie «ungerade» genannt. Natürlich ist 2 der Prototyp aller geraden Zahlen. Die Zahl 2 ist auch eine Primzahl. Die kleinste Primzahl und die einzige, die gerade ist.

Für die Pythagoreer waren nicht nur die Eigenschaften gerade und ungerade wichtig, sondern sie haben Beziehungen zwischen diesen Eigenschaften erkannt (und bewiesen!), wie etwa «gerade plus gerade ist gerade» oder «ungerade plus ungerade ist gerade».

Übrigens war für die Pythagoreer 2 die weibliche Zahl und 3 (für die Pythagoreer die erste ungerade Zahl) die männliche Zahl.

Zwei ist die Grundlage des Binärsystems, auf dem das Rechnen in unseren Computern basiert. In diesem System gibt es nur zwei Ziffern: 0 und 1. Die Zahlen werden mit diesen Ziffern geschrieben: Die Ziffer ganz rechts gibt an, ob eine Eins vorhanden ist oder nicht. Die zweite Ziffer von rechts sagt, ob eine Zwei vorhanden ist oder nicht; die dritte Ziffer von rechts zeigt die Vierer an, die nächste die Achter und so weiter. Zum Beispiel können wir die Binärzahl 1011 wie folgt entziffern, indem wir sie von rechts nach links lesen: Das ist die Zahl, die sich aus einer Eins, einer Zwei, keiner Vier und einer Acht zusammensetzt, also gleich $1+2+8=11$ ist.

~~~~~~~~~~~~~~~~~~

Dass man kleine Gruppen besser beherrschen kann als große, ist eine uralte Erkenntnis. Die Formulierung «Teile und herrsche» (divide et impera) ist viel jünger, sie geht möglicherweise auf Machiavelli zurück.

Man mag die Anwendung dieses Prinzips in der Politik kritisch bewerten, in der Mathematik und Informatik hat sich das Verfahren glänzend bewährt.

Wie viele Ja-Nein-Fragen braucht man, um eine bestimmte Karte aus einem Skatblatt (mit 32 Karten) zu identifizieren? Antwort 5. Die erste Frage könnte sein: schwarz oder rot? Unabhängig davon, wie die Antwort lautet, hat man damit die Anzahl der möglichen Karten auf die Hälfte reduziert.
~~~~~~~~~~~~~~~~~~

Wenn die Antwort «schwarz» war, kann man als Nächstes fragen: Kreuz oder Pik, und wieder reduziert man auf die Hälfte und so weiter. Mit fünf Fragen kann man $2 \cdot 2 \cdot 2 \cdot 2 \cdot 2 = 2^5 = 32$ Möglichkeiten unterscheiden. Das klingt noch banal. Aber: Wie viele Ja-Nein-Fragen braucht man, um jeden der über 7,7 Milliarden Menschen auf der Erde zu identifizieren? Antwort: 33. Denn $2^{33} = 8\,589\,934\,592$, also ungefähr 8,6 Milliarden.

Auch auf die Frage nach tatsächlichen Ja-Nein-Fragen haben die Mathematiker eine ganz einfache Antwort. Wenn wir die Erdenbewohner durchnummerieren, hat jeder eine Nummer, die höchstens 8 Milliarden beträgt. Wenn wir diese Nummer binär darstellen, erhalten wir eine Folge aus 33 Nullen und Einsen. Also könnten wir Stelle für Stelle abfragen: Ist das erste Bit eine 1? Ist das zweite Bit eine 1? Und so weiter.

3

Die erste Ganzheit

Drei ist eine in sich stimmige Zahl, und zwar die erste. Während die Eins nicht über den eigenen Horizont hinausschaut und die Zwei ein explosives Gemisch ist, ruht die Drei in sich selbst.

Für die Pythagoreer im 6. Jahrhundert v. Chr. war die Drei die «Zahl des Ganzen», da Ende, Mitte und Anfang die Zahl des Ganzen ausmachen. Unabhängig von dieser eigenwilligen Definition macht die pythagoreische Aussage klar, dass mit der Drei etwas Neues beginnt.

Drei ist nicht nur die Zahl, die nach der Zwei kommt, sondern mit der Drei erscheint eine neue Qualität von Zahlen. Die Drei ist die erste Zahl, die einen Zusammenhalt, einen Abschluss, eine Krönung, kurz ein Ganzes auf einer höheren Ebene darstellt. Und wer «nicht bis drei zählen kann», befindet sich definitiv unterhalb dieser Stufe.

Von den drei Ecken eines Dreiecks ist keine herausgehoben, es gibt keine Konkurrenz, sondern sie bilden zusammen eine ausgeglichene Einheit.

In der Musik erleben wir fast ununterbrochen den Zauber des Dreiklangs. Zwei Töne sind sich entweder fast langweilig ähnlich oder stehen in schmerzlicher Dissonanz. Aber die drei Töne eines Dreiklangs stützen sich gegenseitig, so dass eine perfekte Harmonie entsteht.

Ob wir an die drei Hexen in Shakespeares *Macbeth* denken, an die drei Knaben in Mozarts *Zauberflöte* oder an die drei Rheintöchter in Wagners *Ring des Nibelungen* – in jedem Fall schafft die Dreiheit eine Einheit. Eine Figur allein müsste einen individuellen Charakter haben, zwei Figuren wären fast automatisch auf Komplementarität angelegt, aber drei bilden eine ausgewogene Gruppe.

Dass die Drei diese starke Abschlussfunktion hat, erkennen wir an vielerlei Aspekten.

In den Märchen hören wir von drei Brüdern, drei Wünschen, drei Prüfungen. Dabei ist regelmäßig der jüngste Bruder derjenige, der am Ende die Königstochter heiratet, der dritte Wunsch der, auf den es ankommt, und die dritte Prüfung die schwierigste.

Viele Redewendungen nehmen die Zahl Drei auf: Mit «Aller guten Dinge sind drei» macht man sich Mut. Wenn man etwas glücklich hinter sich gebracht hat, macht man «drei Kreuze». Unüberhörbar werden durch den Zuschlag bei Auktionen «Zum Ersten, zum Zweiten und zum Dritten!» neue (Besitz-)Verhältnisse geschaffen.

In der Sprache erlangt die Drei eine besondere Bedeutung. Offensichtlich ist das bei den Steigerungen: schön, schöner, am schönsten. Gut, besser, am besten. Die höchste Steigerungsform, die dritte Stufe, der Superlativ («am besten»), beschreibt das Nicht-mehr-Überbietbare. Die Überzeugungskraft der Steigerung, insbesondere der dritten Stufe, wird gerne auch in der Werbung benutzt: Gut, besser, Paulaner. Quadratisch, praktisch, gut.

Die grundlegende rhetorische Dreierregel hat schon Mephisto in Goethes *Faust* formuliert: «Du musst es drei Mal sagen!» In der Tat bekommt eine Sache, wenn sie drei Mal gesagt wird, eine besondere Überzeugungskraft. Wenn ich sage: «Sie kann etwas und sie macht etwas», dann ist daran sachlich nichts auszusetzen. Aber wie viel überzeugender klingt: «Sie kann etwas, sie weiß etwas und sie macht etwas»? Dieser Dreiertrick hat eine Überzeugungskraft, die weit über die inhaltliche Aussage hinausgeht.

Wohl auch deswegen besteht das Kürzel vieler Unternehmen oder Parteien aus drei Buchstaben: von ARD und BRD über CDU und SAP bis SPD und ZDF.

Kein anderer hat den Dreiertrick so zum Prinzip erhoben wie der Philosoph Georg Friedrich Hegel (1770–1831). Für ihn ist der schon aus der Antike bekannte Dreischritt «These, Antithese, Synthese» nicht nur das Grundgesetz des Denkens, sondern das der Entwicklung der Wirklichkeit: Der These wird die Antithese entgegengesetzt. Die Synthese ist für Hegel aber alles andere als ein vermittelnder Kompromiss, vielmehr sind in der Synthese sowohl die These als auch die Antithese in dreifacher Weise «aufgehoben», nämlich (a) negiert, (b) aufbewahrt und (c) auf eine neue Ebene gehoben.

In allen Religionen spielt die Dreiheit eine wichtige Rolle. In der griechischen Mythologie teilen sich die Götter *Zeus, Poseidon und Hades* die Herrschaft über Menschen und Götter. In der ägyptischen Mythologie gibt es die Gottheiten *Isis, Osiris und Horus*. Der Hinduismus kennt die Götter *Brahma, Vishnu und Shiva*.

Im Christentum zeigt sich die Kraft der Drei zur Einheitsbildung in besonderer Weise. Gott Vater, Sohn und Heiliger Geist bilden nicht etwa ein Triumvirat aus Wesen, die die Welt lenken. Sondern die drei «sind eins», und jeder gewinnt erst in der Beziehung zu den anderen seine wahre Identität.

Aber die Drei ist nicht nur ein überzeugender Abschluss, sondern mindestens ebenso sehr ein stimulierender Anfang. Wir können kaum «1, 2, 3» sagen, ohne die drei Pünktchen zu denken, die das Immer-weiter-Zählen andeuten. In der Tat: Wer auf drei zählen kann, kann zählen. Wer jemals die

Unbegrenztheit der Zahlen zu denken versucht oder davon geträumt hat, der schnuppert schon bei der Drei die Unendlichkeit.

In der Schule des Pythagoras wurden zum ersten Mal Eigenschaften natürlicher Zahlen betrachtet. So haben die Pythagoreer zum Beispiel Quadratzahlen eingeführt. Das sind die Zahlen von Steinchen, mit denen man ein Quadrat auslegen kann. Entsprechend ist eine Dreieckszahl eine Zahl von Steinchen oder Punkten, die man in Dreiecksform auslegen kann. Hier sind die ersten Dreieckszahlen:

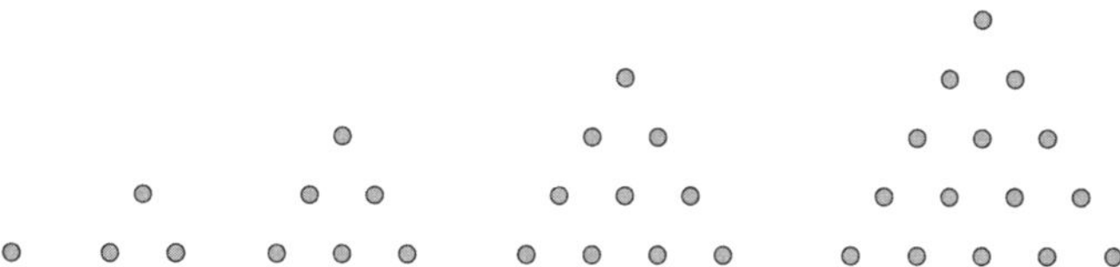

Die ersten Dreieckszahlen lauten also 1, 3, 6, 10, 15. Wenn man eine Dreieckszahl zeilenweise von oben nach unten liest, erkennt man, dass sie eine Summe der Form $1+2+3+\ldots$ ist. Zum Beispiel ist die 5. Dreieckszahl gleich $1+2+3+4+5$; allgemein ist die n-te Dreieckszahl gleich der Summe der ersten n natürlichen Zahlen, also gleich $1+2+3+\ldots+n$.

Die sechste Dreieckszahl erhält man, indem man unter das Dreieck, das die fünfte Dreieckszahl darstellt, noch eine Zeile mit sechs Steinchen legt. Das heißt, die sechste Dreieckszahl ist $15+6=21$. Entsprechend ist die siebente gleich $21+7=28$.

Allgemein erhält man die n-te Dreieckszahl, indem man zu dem Dreieck, das die vorhergehende Dreieckszahl darstellt, eine neue Zeile mit n Steinen hinzufügt.

Dreieckszahlen treten noch in ganz anderem Zusammenhang in Erscheinung. Wenn auf einer Party zehn Menschen sind und jeder mit jedem genau einmal anstößt, wie oft «klingelt» es dann? Die Zahl kann man einfach dadurch bestimmen, dass man sich vorstellt, dass die Gäste nacheinander eintreffen. Zunächst ist nur der Gastgeber da (eine Person). Dann kommt der erste Gast und stößt mit dem Gastgeber an. Anschließend kommt der nächste Gast und stößt mit den beiden Ersten an usw. Der zehnte Gast muss mit allen neun schon Anwesenden anstoßen. Also «klingelt» es genau $1+2+3+\ldots+9$ Mal. Das ist die 9-te Dreieckszahl. Allgemein kann man die Frage «Wie oft klingelt es, wenn n Personen paarweise anstoßen?» so beantworten: «Das ist die $(n-1)$-te Dreieckszahl!»

Übrigens gibt es auch eine Formel, mit der man die Dreieckszahlen leicht ausrechnen kann: Die n-te Dreieckszahl ist gleich $n(n+1)/2$. Zum Beispiel muss man, um die 100-te Dreieckszahl zu bestimmen, nicht die Zahlen 1, 2, 3, …, 100 addieren, sondern nur einmal multiplizieren und durch 2 teilen: $100 \cdot 101/2 = 5050$.

4

Die Zahl der Orientierung

Als am 7. Dezember 1915 in Sankt Petersburg eine Ausstellung mit futuristischen Gemälden eröffnet wurde, zeichnete sich ein Bild durch extreme Radikalität aus: *Das schwarze Quadrat* von Kasimir Malewitsch. Auf diesem Bild, das zu einer Ikone der Moderne werden sollte, sieht man in der Tat ein schwarzes Quadrat auf weißem Grund. Und sonst nichts. Dieses Quadrat zeigt nichts, es verbirgt nichts, es bedeutet nichts.

Es ist der radikale Gegenentwurf zu der Kunst, die die Welt zeigt. Auf diesem Bild ist nichts von der Welt zu sehen: weder Menschen noch Natur noch Religion. Alles auf diesem Bild ist von Menschen gemacht. Und dafür steht das Quadrat.

Ein Quadrat ist die einfachste geometrische Figur. Alles hat seine Ordnung. Rechts – links, unten – oben. Es ist eine Manifestation der Zahl 4: vier gleiche Seiten, vier gleiche Ecken, vier Symmetrieachsen. Das Quadrat ist die Figur, die wir Menschen uns am einfachsten vorstellen können. Man weiß, woran man ist.

Vier ist die Zahl unserer Orientierung. Durch die vier Himmelsrichtungen erhalten wir eine Orientierung im Raum. «Orientierung» leitet sich aus dem lateinischen Wort *oriens* (Osten) ab. Der Osten war die maßgebliche Himmelsrichtung: Wenn man nach Osten blickt, liegt der Westen im Rücken, der Süden rechts und der Norden links.

Auch die Strukturen, die wir Menschen zur Orientierung in der Zeit eingeführt haben, sind durch die Zahl 4 strukturiert: Wir teilen das Jahr in vier Jahreszeiten ein, und auch die kürzere Einheit, der Monat, ist in vier Wochen gegliedert, die durch die vier gut identifizierbaren Mondphasen (Vollmond, Halbmond, Neumond und Halbmond) angeregt sind. Die modernen Olympischen Spiele finden in einem vierjährigen Rhythmus statt.

Und zumindest in der antiken Philosophie wurde das Geschehen der (physischen) Welt durch ein Zusammenspiel von vier Kräften, den sogenannten Elementen, erklärt: Feuer, Wasser, Luft und Erde.

Ein Quadrat ist nicht nur für sich allein gut, sondern es passt auch perfekt zu seinesgleichen und macht sich gerne groß. Aus vier kleinen Quadraten kann man ein großes zusammenfügen, aus neun kleinen Quadraten ein noch größeres, und 64 Quadrate ergeben ein Schachbrett.

Diese wunderbare Patchwork-Eigenschaft macht das Quadrat so universell einsetzbar: Die Fliesen in vielen Badezimmern sind quadratisch, Pflastersteine haben eine quadratische Oberfläche, kariertes Papier besteht aus vielen kleinen Quadraten, mit Planquadraten strukturieren wir Landkarten.

Der Trick, mit Quadraten einen immer größeren Teil der Ebene zu überdecken, ist eine geniale Methode, mit der wir Menschen uns die Unendlichkeit der Ebene erschließen und sie beherrschen können.

Die wichtigste Anwendung dieses Prinzips ist das rechtwinklige Koordinatensystem. Man kann sich die gesamte Ebene in kleine Quadrate aufgeteilt denken. Über die Koordinatenachsen kann man jeden Punkt durch zwei Zahlen erfassen: seine x-Koordinate und seine y-Koordinate. So kann man jedes Objekt durch Zahlen verorten und mit ihm rechnen.

Am 23. Oktober 1852 stellte der Londoner Mathematikstudent Francis Guthrie seinem Professor Augustus de Morgan eine unschuldige Frage. Keiner von beiden ahnte, dass diese Frage die Mathematik mehr als ein Jahrhundert lang beschäftigen sollte.

Guthrie hatte etwas beobachtet: Aus irgendwelchen Gründen beschäftigte er sich damit, eine Landkarte der englischen Grafschaften zu färben. Er gab jeder Grafschaft eine Farbe und achtete darauf, dass zwei Grafschaften, die ein Stück Grenze gemeinsam haben, verschiedene Farben bekamen. Das ist sinnvoll, um verschiedene Grafschaften optisch gut unterscheiden zu können.

Francis Guthrie versuchte nun, mit so wenigen Farben wie möglich auszukommen. Er stellte fest: Drei Farben reichen nicht, aber mit vier Farben klappt es. Und seine Jahrhundertfrage war nun, ob das immer so ist. Ob man die Länder jeder Landkarte, auch einer ausgedachten Fantasielandkarte, mit (nur!) vier Farben färben kann. Professor de Morgan wusste es nicht. Und sein Dubliner Kollege William Rowan Hamilton, dem er noch am selben Tag geschrieben hatte, wusste es auch nicht.

Das Problem blieb ungelöst, bis der studierte Mathematiker und praktizierende Rechtsanwalt Alfred Bray Kempe 1879 einen Beweis veröffentlichte. Kempe war ein außerordentlich anerkannter Wissenschaftler – aber sein Beweis war falsch. Dies zeigte Percy Heawood im Jahr 1890. Heawood konnte Kempes Argument insofern retten, als er bewies, dass fünf Farben reichen. Allerdings hatte man auch keine Landkarte gefunden, zu deren Färbung man auch tatsächlich fünf Farben braucht! Die Frage war also: vier oder fünf?

Die endgültige Lösung gelang erst 1977. Aufbauend auf entscheidende Vorarbeiten des deutschen Mathematikers

Heinrich Heesch, die wiederum auf Ideen Kempes beruhten, konnten die amerikanischen Mathematiker Kenneth Appel und Wolfgang Haken von der University of Illinois das Problem lösen: Vier Farben reichen! Mit theoretischen Überlegungen konnten sie das Problem auf die Untersuchung von etwa 1500 Konfigurationen reduzieren. Diese wurden dann mit einem Rechner abgearbeitet.

Die University of Illinois verkündete auf ihren gestempelten Briefen stolz: «Four colors suffice».

Abgesehen davon, dass dies ein Beweis einer der berühmtesten Vermutungen war, war das Pikante daran, dass es der erste große Beweis war, den man nicht zu Hause am Schreibtisch nachvollziehen konnte, sondern für den man einen Computer brauchte. Diese Tatsache sorgt bis heute für Diskussionen unter den Mathematikern.

5

Die Zahl der Natur

«Fünf Finger sind eine Faust!» Diese agitatorische Parole benutzte Ernst Thälmann (1886–1944), der während der Weimarer Republik Vorsitzender der Kommunistischen Partei Deutschlands war, um seine Anhänger zu mobilisieren. Der Satz drückt aber eine grundlegende Erfahrung aus, die die Menschen beim Umgang mit Zahlen schon seit zig Jahrtausenden gemacht hatten.

Die fünf Finger einer Hand bilden zusammen eine Einheit, die mehr ist als die Abfolge der fünf Finger. In fast allen Kulturen, die ein Zahlensystem entwickelten, war die Fünf eine besondere Zahl.

Wenn wir mit den Fingern zählen, ist 5 eine erste Zählgrenze. Sie wird damit ganz natürlich zu der ersten «höheren Einheit». Wir fassen fünf Zahlen zu einer neuen Einheit zusammen, indem wir zum Beispiel bei einer Strichliste die ersten vier senkrechten Striche durch einen Querstrich zu einem Fünfer ergänzen. Auch das römische Zahlzeichen V ist letztlich nur eine Abkürzung für IIIII.

Die Fünf als besondere Zähleinheit korrespondiert ganz wunderbar mit einer Erkenntnis der Psychologie: Wir können die Anzahl von fünf oder weniger Objekten, die ungeordnet vor uns liegen, ohne zu zählen, unmittelbar bestimmen, während das für größere Anzahlen nicht mehr möglich ist.

Ihre unübersehbare Bedeutung entfaltet die Zahl 5 aber in

ihrer geometrischen Gestalt: in Form eines regulären Fünfecks oder eines fünfzackigen Sterns, des sogenannten Pentagramms. Diese Formen hängen eng zusammen. Wenn man fünf gleichmäßig angeordnete Punkte in der Ebene der Reihe nach verbindet, erhält man ein Fünfeck, wenn man jeweils einen Punkt überspringt, ergibt sich ein Pentagramm.

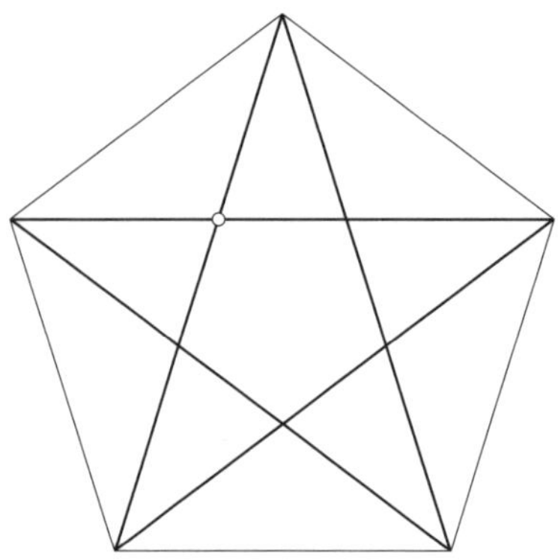

In der Natur zeigt sich das Pentagramm in überwältigender Fülle bei Blüten. Die allermeisten Blumen haben Blüten mit fünffacher Symmetrie. Das gilt für alle Rosengewächse. Dazu gehören neben Rosen auch Kirsche, Pflaume, Erdbeere. Aber auch Salbei, Basilikum, Oregano und Kartoffel sind fünfzählig. Wenn man einen Apfel quer durchschneidet, zeigt sich das Kerngehäuse als fünfzackiger Stern. Eine Scheibe einer Sternfrucht ist ein fast perfektes Pentagramm, und ein Seestern hat genau fünf Arme.

Die Zahlen sprechen für sich: Von den etwa 240 000 Blütenpflanzen sind etwa 60 000 dreizählig (das sind die einkeimblättrigen Pflanzen), nur 4000 vierzählig und der große Rest von etwa 175 000 Pflanzen fünfzählig.

Wir Menschen nutzen den fünfzackigen Stern immer dann, wenn wir einen besonders wichtigen, hervorgehobenen, repräsentativen Stern zeigen wollen: So sind die meisten Sterne auf Flaggen Pentagramme (Europa, USA, islamische Staaten), aber auch Hotelsterne und die meisten Weihnachtssterne haben fünf Zacken.

Die magische Seite des Pentagramms findet sich in Goethes *Faust I* wieder. In der wichtigen Szene im Studierzimmer, nach dem ersten Gespräch zwischen Faust und Mephisto, kann dieser das Zimmer nicht verlassen, weil ein «Drudenfuß» (das Pentagramm) mit einem «offenen Winkel» auf der Türschwelle zu sehen ist. Faust verspottet ihn: «Das Pentagramma macht Dir Pein?», bevor Mephisto das Problem durch einen ganz speziellen Trick löst: Er lässt zunächst Faust in den Schlaf singen und zaubert dann eine Ratte herbei, die die «Spitze, die mich bannte» wegbeißt, so dass er entfliehen kann.

Das Fünfeck beziehungsweise das Pentagramm hat eine große geistesgeschichtliche Bedeutung, weil an ihm zum ersten Mal eine irrationale Zahl entdeckt wurde.

Die Pythagoreer (ca. 550 v. Chr.) waren der Überzeugung, dass «alles Zahl» sei; damit verbanden sie die Vorstellung, dass alle Phänomene durch natürliche Zahlen (also die Zahlen 1, 2, 3, …) und Verhältnisse von natürlichen Zahlen bestimmt sind. Diese Verhältnisse, wie etwa 2 : 3, schreiben wir heute als Bruch 2/3 und nennen die Bruchzahlen auch «rationale Zahlen» (von lat. *ratio,* Verhältnis).

Einer der Pythagoreer, Hippasos aus Metapont (um 500 v. Chr.), hat – vermutlich am Pentagramm – entdeckt, dass es Verhältnisse gibt, die sich nicht durch natürliche Zahlen beschreiben lassen. Diese Verhältnisse bilden daher keine rationalen Zahlen, sondern sind «irrational» (= nicht rational).

Und zwar ist es so. Betrachtet man zum Beispiel die waagerechte Linie im Pentagramm, dann erkennt man auf ihr zwei «innere» Ecken. Die linke dieser inneren Ecken teilt die waagerechte Strecke in zwei Teile, einen kleinen und einen großen. Das Verhältnis der Längen dieser beiden Strecken ist nicht rational!

Diese Tatsache lässt sich nicht empirisch verifizieren, denn durch Messen erhält man nur rationale Verhältnisse. Man muss es mathematisch beweisen. Das tat Hippasos; sein Beweis zeigt die unglaubliche Reife, die die griechische Mathematik damals schon hatte.

Hippasos argumentiert mit einem Widerspruchsbeweis. Er nimmt an, es gäbe ein Pentagramm, bei dem das Längenverhältnis der kurzen und langen Strecken rational ist. Dann kann er durch entsprechende Vergrößerung der Figur erreichen, dass die Längen der kurzen und der langen Strecke sogar natürliche Zahlen sind, zum Beispiel 5 und 8.

Nach dieser Vorbereitung schaut sich Hippasos das Fünfeck in der Mitte an. Wenn man dessen Diagonalen einzeichnet, erhält man wieder ein Pentagramm. Hippasos kann nun nachweisen, dass auch in diesem kleinen Pentagramm die kurzen und langen Teile einer Diagonalen eine Länge haben, die eine natürliche Zahl ist. Und so weiter.

Das führt in eine ausweglose Situation, weil die Längen der betrachteten Strecken immer kleiner werden, die natürlichen Zahlen aber nicht kleiner als 1 werden können. Deswegen ergibt sich ein Widerspruch. Daher kann die Aussage, die Hippasos in der Annahme getroffen hat, nicht richtig sein.

Übrigens: Das Längenverhältnis der langen und der kurzen Teilstrecke nennt man den «Goldenen Schnitt» (vgl. Kap. «φ. Der Goldene Schnitt, S. 171).

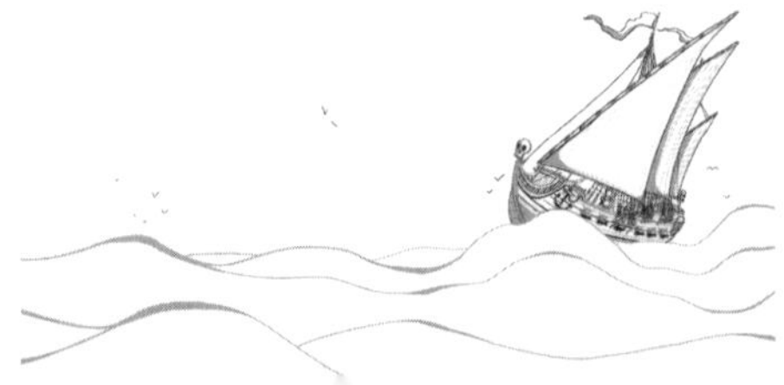

6

Die Form der Natur

Zum Neujahrstag 1611 schenkte der Astronom und Mathematiker Johannes Kepler (1571–1630) seinem Freund und Gönner Johann Matthäus Wacker von Wackenfels ein Büchlein, das den schönen Titel trug *Vom sechseckigen Schnee*. Kepler hatte Schneeflocken beobachtet und ihm war aufgefallen, dass Schneeflocken fein verästelte Strukturen sind, die an jeder Gabelung Winkel von 60 Grad oder 120 Grad bilden, also genau die Winkel, die für ein Sechseck charakteristisch sind. Wir wissen heute, dass diese Form aufgrund der Molekülstruktur von H_2O zustande kommt.

In Keplers Büchlein wird zum ersten Mal das Thema Sechsecke intoniert und zumindest implizit behauptet, dass Sechsecke eine grundlegende Form der Natur bilden.

Die Natur schafft oft viele Sechsecke zugleich, genauer gesagt Sechsecke, die so wunderbar zusammenpassen wie die Zellen einer Bienenwabe. Dort fügen sich regelmäßige Sechsecke perfekt aneinander und bilden ein vollkommen regelmäßiges Muster ohne jeden Makel. Man nennt jede solche lückenlose Überdeckung eine «Parkettierung». Richten wir unseren Blick auf die Kanten einer Sechseckparkettierung, sehen wir, dass die Zellen Kante an Kante aneinanderliegen. Wenn wir die Ecken betrachten, erkennen wir, dass jeweils genau drei Sechsecke und genau drei Kanten zusammentreffen, und zwar so, dass die drei Kanten an einer Ecke drei gleich große Winkel bilden, also jeweils Winkel von 120 Grad.

Sechseckparkettierungen treten in gewisser Weise automatisch auf. Genauer gesagt bilden sich die *Ecken* der Sechseckparkettierung in vielen Situationen von selbst: Man nehme formbares Material, wie zum Beispiel Teig, Knete, Erde, Wachs, und bilde daraus drei Klumpen. Nun lege man diese Klumpen ungefähr wie die Ecken eines Dreiecks und drücke sie fest aneinander. Dabei ergeben sich wie durch ein Wunder zwischen je zwei Teilen gerade Flächen. Und wenn man von oben schaut, sieht man drei gleich große Winkel, also Winkel von 120 Grad.

Auch in der Küche können wir dieses Phänomen beobachten. Wenn man Dampfnudeln oder ein ähnliches Gericht in einen Topf setzt und diesen in den Backofen schiebt, dann gehen die Dampfnudeln auf, schieben sich zusammen und formen ein Muster, das ein – rudimentäres – Sechseckparkett ist.

Die Stabilität des Sechsecks wird bei Sechskantmuttern benutzt, die man, ohne abzurutschen, bequem auf eine Schraube drehen kann. Noch genialer ist die Erfindung der Inbusschrauben. Bei diesen ist in den Schraubenkopf ein «Innensechskant» eingelassen, so dass er mit dem Inbusschlüssel zu- und aufgedreht werden kann. Die Erfindung geht auf den Amerikaner William G. Allen zurück, der schon 1910 ein Patent dafür anmeldete. In den USA heißt der Schlüssel daher auch Allen Key. Die deutsche Firma Bauer & Schaurte ließ diese Schraubenart 1936 in Deutschland patentieren und brachte sie unter dem Namen Inbus (**In**nensechskantschraube **B**auer **u**nd **S**chaurte) auf den Markt.

Kepler machte sich in seinem Buch auf die Suche nach anderen Erscheinungsformen der Zahl 6 und der Sechseckstruktur. Neben den Bienenwaben, von denen auch er begeistert war, kommt er auf dichteste Kreis- und Kugelpackungen zu sprechen.

Stellen wir uns eine Menge von gleich großen Münzen vor. Wir können um eine Münze herum genau sechs weitere Münzen legen, die perfekt aneinanderpassen. Wenn man sich dieses Muster immer weiter fortgeführt denkt, erhält man eine «Kreispackung» der Ebene. Die Frage, die sich Kepler stellte, war, ob diese «hexagonale» Packung die dichteste Kreispackung ist, das heißt diejenige, die prozentual den größten Anteil der Fläche überdeckt. Kepler hätte berechnen können, dass seine Kreispackung etwa 90,7 Prozent der Ebene überdeckt, genauer gesagt einen Anteil von $\pi/2\sqrt{3}$.

Kepler fragte weiter: Wie ist die Situation im dreidimensionalen Raum? Wie kann man Kanonenkugeln so dicht wie möglich packen? Heute fragen wir unschuldiger: Wie kann man Orangen so aufstapeln, dass sie möglichst dicht liegen?

Auch hier hätte Kepler ausrechnen können, dass die übliche «hexagonale» Orangenpackung eine Dichte von $\pi/\sqrt{18}$ (das heißt 74,08 Prozent) hat.

Beide Fragen, die nach der dichtesten Kreispackung und die nach den dichtesten Kugelpackungen, haben die Mathematik jahrhundertelang in Atem gehalten. Das Kreispackungsproblem wurde erst 1910 durch den norwegischen Mathematiker Axel Thue gelöst. Das Kugelpackungsproblem stellte sich als besonders hartnäckig heraus; es konnte erst nach 2005 durch den amerikanischen Mathematiker Thomas Hales gelöst werden, der neben umfangreichen theoretischen Überlegungen auch mit massivem Computereinsatz arbeitete.

Längst bevor Kepler die grundlegende Bedeutung der Sechsecke erkannte, haben sich Mathematiker mit der Zahl 6 beschäftigt. Dabei gingen sie von der unschuldigen Gleichung $1+2+3=6$ aus. Man kann diese so interpretieren: Die Zahlen 1, 2, 3 sind die Teiler der Zahl 6 (außer 6 selbst), und deren Summe $1+2+3$ ergibt wieder 6. Diesen Zusammenhang zwischen der multiplikativen Struktur (den Teilern) und der additiven Struktur (der Summe) fanden die antiken griechischen Mathematiker so faszinierend, dass sie die Zahl 6 aus diesem Grund «vollkommen» nannten. Allgemein nannten sie eine Zahl «vollkommen», wenn sie gleich der Summe ihrer «echten» Teiler ist.

Die nächste vollkommene Zahl ist 28, die vermutlich durch Ausprobieren gefunden wurde. Tatsächlich ist 28 die Summe ihrer echten Teiler 1, 2, 4, 7, 14.

Den vollkommenen Zahlen wurde aufgrund ihres besonderen Namens oft eine – aus unserer heutigen Sicht – unverhältnismäßige Bedeutung zugeschrieben. So brachte zum Beispiel der Kirchenvater Augustinus (354–430) die vollkommene Zahl 6 in Zusammenhang mit den sechs Tagen, die Gott nach biblischem Zeugnis für die Erschaffung der Welt gebraucht hat. In seinem Buch *Der Gottesstaat* schreibt Augustinus: «Diese Werke [die Schöpfung] wurden aber … in sechs Tagen … vollendet, und zwar wegen der Vollkommenheit der Sechszahl.» Und er schreibt weiter: «Nicht als hätte Gott eines Zeitraums bedurft und könnte nicht alles zugleich schaffen …, sondern weil durch die Sechszahl die Vollkommenheit der Werke angezeigt wird.» So bekommt man den Eindruck, Augustinus halte es für nötig, Gott gegenüber den Ansprüchen der Zahl 6 zu verteidigen.

Es ist nicht einfach, vollkommene Zahlen zu finden. Die dritte vollkommene Zahl (nach 6 und 28) ist 496. Man fragt sich unwillkürlich: Wie geht es weiter? Beziehungsweise: Geht es überhaupt weiter?

Schon in den *Elementen* des Euklid (ca. 300 v. Chr.) finden wir ein Rezept, wie man eine gerade vollkommene Zahl erhält. Die wichtigste Zutat dafür ist eine Primzahl einer ganz speziellen Sorte, nämlich eine Primzahl, die um genau 1 kleiner ist als eine Potenz von 2. Die Potenzen von 2 sind 4, 8, 16, 32, 64, … Allgemein können wir eine solche Potenz von 2 schreiben als 2^k. Die Primzahlen, die wir suchen, sind um 1 kleiner als diese Zahlen; es könnten die Zahlen 3, 7, 15, 31, 63, … oder allgemein die Zahlen $2^k - 1$ sein.

Wir sehen sofort, dass nicht alle diese Zahlen Primzahlen sind. Zum Beispiel sind 15 und 63 keine Primzahlen. Diese interessieren uns aber nicht, sondern wir suchen nur die Primzahlen in dieser Liste, also Primzahlen p der Form $p = 2^k - 1$. Zum Beispiel ist $3 = 2^2 - 1$, $7 = 2^3 - 1$ und $31 = 2^5 - 1$.

Man macht aus einer Primzahl der Form $2^k - 1$ eine vollkommene Zahl, indem man diese mit 2^{k-1} multipliziert. Zum Beispiel erhalten wir aus $31 = 2^5 - 1$ die vollkommene Zahl $31 = (2^5 - 1) \cdot 2^{5-1} = 31 \cdot 16 = 496$.

Der große Mathematiker Leonhard Euler (1707–1783) konnte die Umkehrung beweisen, dass nämlich jede gerade vollkommene Zahl von dieser Form ist.

Hier stoßen wir auf zwei Probleme. Zum einen kennt man nur sehr wenige Primzahlen der Form $p = 2^k - 1$. Dies sind die sogenannten Mersenneschen Primzahlen, von denen man bis heute (2020) nur 51 gefunden hat. Zum anderen weiß man trotz jahrtausendelanger Forschung nicht, ob es eine ungerade vollkommene Zahl gibt.

Sowohl die Frage «Gibt es unendlich viele Mersennesche Primzahlen?» als auch die Frage «Gibt es eine ungerade vollkommene Zahl?» gehören zu den großen ungelösten Fragen der Mathematik.

7

Die Zahl, die es nicht gibt

Sobald man an die Zahl 7 denkt, fällt einem etwas ein. Vermutlich denken die meisten Menschen zunächst an Märchen: die sieben Zwerge hinter den sieben Bergen, die sieben Geißlein, die Siebenmeilenstiefel, sieben auf einen Streich und Sindbad, der Seefahrer, der auf sieben Reisen Abenteuer bestehen muss.

Auch in geschichtlichen Mythen tritt die Sieben prominent auf: die sieben Weisen Griechenlands, die sieben Weltwunder, die sieben Hügel Roms. Im religiösen Kontext ist die Sieben fast allgegenwärtig: die sieben fetten und die sieben mageren Jahre, die sieben letzten Worte Jesu am Kreuz, die sieben Todsünden, sieben Sakramente, der siebenarmige Leuchter. Im weltlichen Umfeld begegnen einem der Siebenjährige Krieg, die sieben Weltmeere, der Siebenschläfer, die sieben Brücken, über die man gehen muss, das verflixte siebente Jahr, 007, … und nicht zuletzt die sieben Tage der Woche.

Die Siebenzahl jedes einzelnen dieser Phänomene wurde jedoch nicht empirisch, etwa durch Nachzählen, ermittelt; vielmehr handelt es sich um geistige Konstrukte oder, wenn man so will, menschliche Erfindungen. Die Menschen, die die Märchen oder Geschichten erzählt und weitererzählt haben, fanden die Zahl 7 einfach passend. Schon in den Urmythen, die sich die Sumerer im 3. Jahrtausend v. Chr. in

Mesopotamien erzählten, spielt die Sieben eine bemerkenswert deutliche Rolle.

Oft scheint es viel wichtiger zu sein, dass etwas mit der Zahl 7 in Verbindung gebracht wird, als dass dies der Realität entspricht. Zum Beispiel enthält zwar jede Liste der antiken «sieben Weisen» tatsächlich sieben Namen, aber die Listen sind so unterschiedlich, dass Luciano di Crescenzo zu dem Schluss kam: «Die Sieben Weisen waren zweiundzwanzig.» Jede Aufzählung der Weltwunder nennt sieben Wunder, aber es gibt sehr unterschiedliche Ansichten, welche Wunder es auf die Siebenliste schaffen. Auch die Liste der sieben Hügel Roms erfuhr im Laufe der Jahrhunderte durchaus Veränderungen und die sieben Weltmeere sind schon gar nicht genau zu definieren. Man kann somit festhalten: Die Zahl der Weisen, der Weltmeere und Weltwunder wurde nicht naturwissenschaftlich ermittelt, sondern Sieben war die «richtige», die stimmige Zahl in der Vorstellung der Erzähler und der Hörer.

Wenn wir uns fragen, ob es die Zahl 7 in der Realität gibt, sind Enttäuschungen vorgezeichnet. Wir finden nur Weniges und meist auch wenig Überzeugendes. Es gibt keine Kristalle mit siebenfacher Symmetrie, und man kennt nur eine einzige Pflanze, die eine Blüte mit sieben gleichberechtigten Blütenblättern besitzt, nämlich den kleinen «Siebenstern». Auch wenn man zum Himmel schaut, findet man nicht viel: Zwar besteht das Sternbild des Großen Wagens aus sieben Sternen, und bei den «Plejaden» verhält es sich ebenso, aber das ist angesichts der Tatsache, dass man auch ohne Fernrohr ein paar tausend Sterne sehen kann, eine magere Ausbeute.

Signifikanter sind die sieben beweglichen Himmelskörper, die man mit bloßem Auge erkennen kann: Sonne und Mond sowie die Planeten Merkur, Venus, Mars, Jupiter und Saturn. Für die Menschen früherer Jahrtausende hatte das Geschehen am Himmel eine ungleich größere Bedeutung als für uns. Dass Sonne und Mond eine Sonderrolle spielen, ist klar. Jedem Beobachter des Nachthimmels fällt auf, dass fast alle Sterne Fixsterne sind; diese drehen sich auf der Himmelskuppel gemeinsam um den Himmelspol. Andere «Sterne», nämlich die Wandelsterne Merkur, Venus, Mars, Jupiter und Saturn, halten sich nicht an dieses Schema, sondern ziehen ihre eigenen Bahnen.

Ein starkes Indiz dafür, dass diese sieben «beweglichen» Himmelskörper als zusammengehörige «Siebenheit» gesehen wurden, ist die Benennung der Wochentage: Sonntag (Sonne), Montag (Mond), Dienstag (ital. *martedí*, Mars), Mittwoch (ital. *mercoledí*, Merkur), Donnerstag (ital. *giovedí*, Jupiter), Freitag (ital. *venerdí*, Venus), Samstag (engl. *saturday*, Saturn).

Das interessanteste und für uns Menschen wichtigste Vorkommen der Sieben sind in der Tat die sieben Tage einer Woche. Warum die Woche aus sieben Tagen besteht und nicht aus fünf, sechs oder acht, ist allerdings rational schwer zu begründen. Die Astronomie, also Sonne, Mond und Sterne, geben nur ungefähre Hinweise. Was ein Tag und was ein Jahr ist, liegt nicht in der Hand von uns Menschen, das steht fest: Ein Tag ist die Zeit, in der sich die Erde einmal um ihre eigene Achse dreht, und in einem Jahr dreht sich die Erde einmal um die Sonne. Die Anzahl der Tage pro Jahr ist damit auch eine feste Zahl. Auch was ein Monat ist, ist fix: Die Zeit von Neumond zu Neumond beträgt (etwa) 29,5 Tage. Diese Zahl könnte man leichter in Abschnitte zu fünf oder sechs Tagen einteilen als in Wochen mit sieben Tagen. Die Teilung eines Monats in vier Teile erfolgte vermutlich aufgrund der vier Mondphasen: Vollmond, Halbmond, Neumond, Halbmond. In jedem Fall hat sich die Siebentagewoche weltweit durchgesetzt.

Ihren Ursprung hat die Siebentagewoche in der Schöpfungsgeschichte, die am Anfang der Bibel erzählt wird. Danach erschuf Gott die Welt in sechs Tagen und ruhte am siebenten Tag. Diese sieben Tage ergeben eine Woche; sie wird von Anfang an strukturiert durch einen Ruhetag (Sabbat, Sonntag), der sich heute zum «Wochenende» ausgeweitet hat.

Wir erkennen eine erstaunliche Diskrepanz. Einerseits erscheint die Zahl 7 in der realen Welt außerordentlich selten; man kann guten Gewissens sagen, dass sie de facto nicht vorkommt. Andererseits stehen wir staunend vor der Allgegenwärtigkeit der Sieben in der Welt der Mythen, Erzählungen und menschlichen Erfindungen.

Zum Charakter der Zahl 7 trägt entscheidend bei, dass sie eine Primzahl ist. Sieben ist nicht die erste Primzahl, denn vor ihr kommen die Primzahlen 2, 3 und 5. Aber bei diesen Zahlen tritt der Primzahlcharakter in den Hintergrund und wird von anderen Eigenschaften überstrahlt. Sieben ist eine Primzahl, weil sie zwar von 1 und sich selbst, aber von keiner anderen Zahl geteilt wird. Demgegenüber ist 6 keine Primzahl, denn 6 wird außer von 1 und sich selbst auch noch von 2 und 3 geteilt.

Primzahlen sind die wichtigsten und interessantesten natürlichen Zahlen.

Wichtig sind sie, weil sie die Atome im Reich der Zahlen sind. Das bedeutet, dass sich jede andere natürliche Zahl aus Primzahlen zusammensetzen lässt. Zum Beispiel wird die natürliche Zahl 12 von den Primzahlen 2 und 3 geteilt, und 12 kann aus diesen zusammengesetzt werden: $12 = 2 \cdot 2 \cdot 3 = 2^2 \cdot 3$. In der Tat lässt sich jede natürliche Zahl, die größer als 1 ist, auf eindeutige Weise als Produkt von Primzahlen schreiben.

Interessant sind die Primzahlen, weil sie trotz ihrer einfachen Definition die Mathematiker seit 2500 Jahren nicht nur fasziniert, sondern herausgefordert haben. So ist einer der ersten Höhepunkte der Mathematik das Theorem, dass es unendlich viele Primzahlen gibt, dass also die Folge der Primzahlen nie abbricht. Das steht mit einem wunderbaren Beweis schon in dem antiken Mathematikbuch *Die Elemente* des Euklid (ca. 300 v. Chr.). Wie aber diese unendliche Reihe von Primzahlen im Detail aussieht, das entzieht sich nach wie vor der Einsicht der Mathematiker. Zum Beispiel wissen wir nicht, wie man aus einer Primzahl die nächste berechnet, und kennen auch noch keine Formel für Primzahlen. Kurz, wir wissen schon viel über Primzahlen, aber noch längst nicht alles.

Kann man aufgrund der zahlenmäßigen Eigenschaften der Zahl 7 ihre enorme Bedeutung erklären? Vielleicht liegt ein Grund darin, dass 7 die Zahl ist, die unmittelbar auf 6 folgt. Die Zahl 6 ist eine in jeder Hinsicht vollkommene Zahl, man kann sie in zwei und in drei Teile aufteilen; sie ist «rund» und in sich perfekt stimmig. Diese Zahl wird nun von der Sieben übertrumpft; diese ist eine neue Einheit, die die Einheit der Sechs noch übersteigt. Gleichzeitig ist die Sieben eine Primzahl, die Siebenheit ist also bei weitem nicht so harmonisch wie die vollkommene Sechs, sondern spannungsreich und kann nur mit viel geistiger Energie zusammengehalten werden.

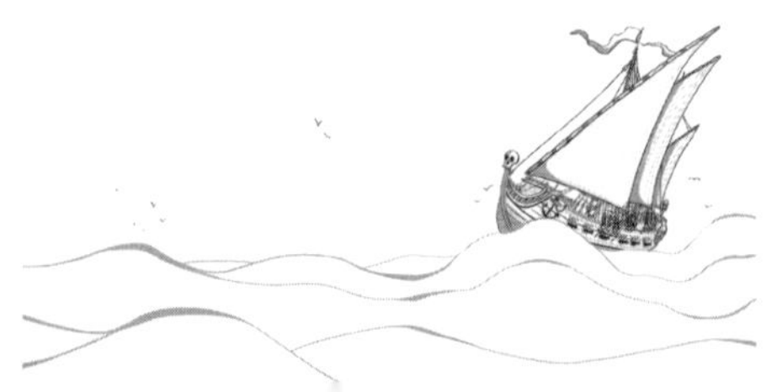

8

Kompromisslose Schönheit

Wenn man von der süditalienischen Stadt Bari aus ins Landesinnere fährt, erblickt man in der kargen Landschaft bald einen Hügel, auf dem ein Bauwerk steht, von dem sich der Blick nicht mehr lösen kann: ein Objekt, für das einem die Worte fehlen. Je näher man kommt, desto fremder wird dieser riesige geometrische Körper, der den Eindruck macht, als ob er «vom Himmel gefallen» sei.

Dieses Objekt ist das «Castel del Monte», das Kaiser Friedrich II. in den Jahren 1240 bis 1250 erbauen ließ. Ob dieses Castel ein Verteidigungsbau, ein Jagdschloss oder ein Symbol für den Herrschaftsanspruch Friedrichs II. war, darüber streiten sich die Wissenschaftler bis heute. Unstrittig und unbestreitbar ist aber, dass der atemberaubende Eindruck dieses einmaligen Gebäudes von seiner kompromisslos strengen geometrischen Form herrührt.

Der Grundriss ist ein reguläres Achteck mit einem Durchmesser von 56 Metern, auf dem sich das 25 Meter hohe Castel erhebt. Die Ecken des Achtecks werden durch achteckige Türme gebildet. Und auch der Innenhof ist – natürlich – ein reguläres Achteck. Steingewordene Mathematik.

Warum das Castel del Monte auf Achtecken basiert, weiß niemand mit Bestimmtheit zu sagen. Ein Erklärungsstrang führt herrschaftliche Beweise an: Die Reichskrone, mit der die mittelalterlichen Kaiser gekrönt wurden, hat eine auffällig achteckige Form. Damals wurde auch eine ganze Reihe bedeutender sakraler Bauten in achteckiger Form gebaut, nicht zuletzt der Aachener Dom, die Krönungskirche der Kaiser. Ein anderes Erklärungsmuster ist die Tatsache, dass seit alters der achte Tag der Tag der Auferstehung ist, nämlich der neue Tag nach den sieben Schöpfungstagen.

Aus geometrischer Sicht ist das Achteck ein besonders attraktives Vieleck. Es ist fast so einfach zu zeichnen wie ein Quadrat: Man skizziert jeweils nur das mittlere Stück (in der richtigen Größe!) der oberen und unteren sowie der linken und der rechten Seite eines Quadrats und verbindet die Enden dieser Linien durch schräge Linien zu einem Achteck.

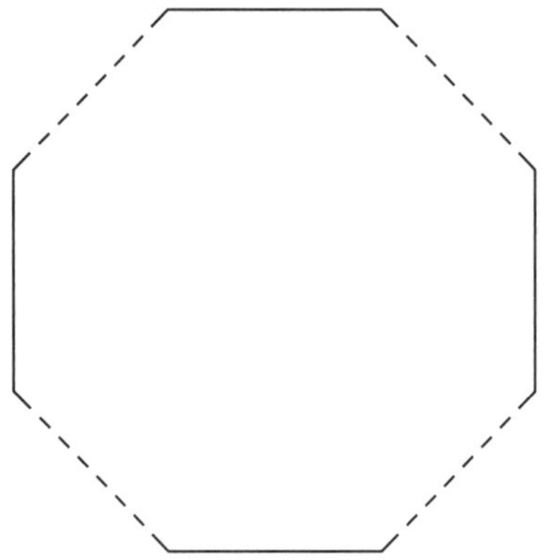

Schon das Quadrat ist hochsymmetrisch, es hat vier Symmetrieachsen: eine waagerechte und eine senkrechte sowie die Verbindungslinien gegenüberliegender Ecken. Beim Achteck ist nicht nur die Anzahl der Ecken und Kanten doppelt so groß wie beim Quadrat, sondern auch die Zahl der Symmetrieachsen verdoppelt sich: Sowohl die vier Verbindungslinien gegenüberliegender Seitenmitten als auch die Verbindungslinien gegenüberliegender Ecken sind Symmetrieachsen; insgesamt gibt es acht Symmetrieachsen.

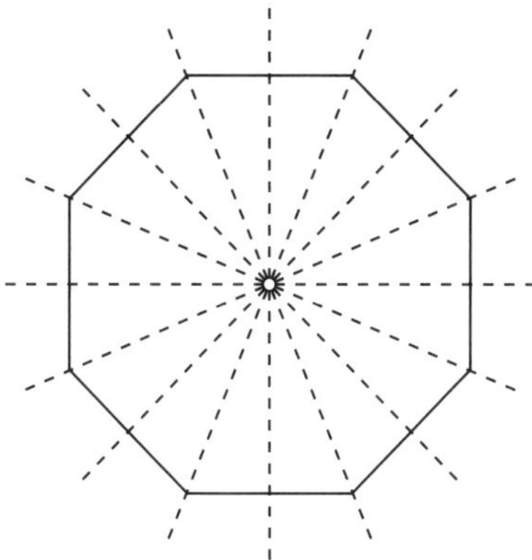

Das Achteck ist allerdings nicht so geschmeidig wie das Quadrat. Man kann mit dem Achteck nicht die Ebene parkettieren, aber wenn man noch kleine Quadrate hinzufügt, passt alles zusammen und es entsteht ein wunderbares Muster.

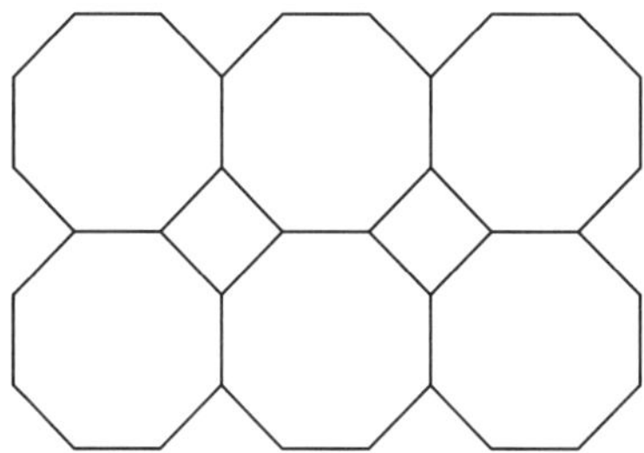

Dreht man das Quadrat um 45 Grad, ergibt sich ein achtzackiger Stern.

In unserem Alltag zeigt sich die Zahl 8 erstaunlich häufig, am prominentesten in Form des achteckigen Stoppschilds. Die achtbeinigen Spinnen und der achtarmige Oktopus sind für manche Menschen Horrorvorstellungen.

In China ist die Acht eine Glückszahl, und im Buddhismus enthält der achtfache Pfad die acht Lebensregeln; sein Symbol ist das Dharma-Rad mit acht Speichen.

Die Tonleiter besteht aus acht Tönen: Nach den sieben Tönen c, d, e, f, g, a, h oder do re mi fa sol la si fängt die Tonleiter mit dem achten Ton wieder von vorne an. Daher ist eine «Oktave» aus acht Tönen aufgebaut.

Schreibt man die Zahlen in Buchstaben aus (eins, zwei, ...), dann ist acht die – alphabetisch gesehen – erste Zahl. Übrigens gilt das auch im Englischen; dort ist *eight* die alphabetisch erste Zahl.

Die Acht hat allerlei lustige Eigenschaften. Zum Beispiel ist sie eine Kubikzahl, also eine dritte Potenz; die Zahl $8 = 2^3$ ist sogar die erste Kubikzahl, wenn man von 1 absieht.

Noch interessanter ist, dass die Kubikzahl 8 direkt neben der Quadratzahl 9 liegt. In Zahlen geschrieben heißt das: $2^3 + 1 = 3^2$. Diese Kombination gibt es übrigens nur einmal.

In der Geometrie zeigt sich die Zahl 8 am sogenannten Oktaeder. Das ist ein Körper mit genau acht Seitenflächen, die alle gleichseitige Dreiecke sind. Man kann sich das Oktaeder so vor Augen führen, dass man sich zunächst eine vierseitige Pyramide vorstellt. Diese besteht neben der quadratischen Grundfläche aus vier gleichseitigen Dreiecken. Nun nimmt man eine zweite vierseitige Pyramide, hält sie mit der Spitze nach unten und klebt dann die beiden an ihren quadratischen Grundseiten zusammen.

Der Oktaeder ist ein regulärer Körper; denn jede Seite ist ein reguläres n-Eck (beim Oktaeder ist $n = 3$), und an jeder Ecke kommen gleich viele Seitenflächen zusammen (beim Oktaeder vier). Einer der ersten Sätze der Mathematik sagt, dass es nur fünf reguläre Körper gibt. Neben dem Oktaeder sind dies das Tetraeder, der Würfel, das Ikosaeder, das aus

Zeichnung eines Oktaeders von Leonardo da Vinci für das Buch «De divina proportione» von Luca Pacioli, 1509.

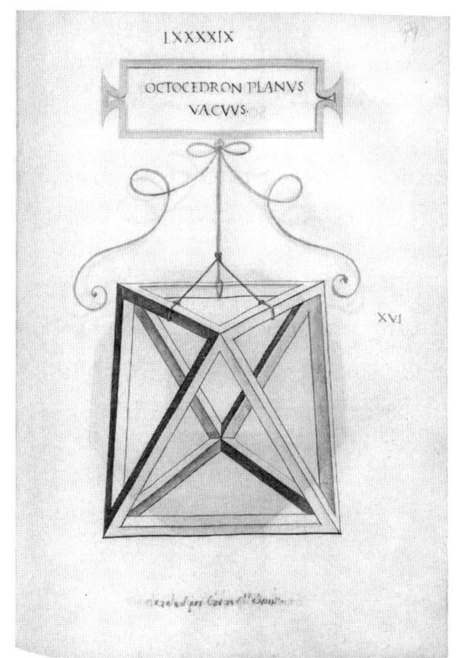

zwanzig Dreiecken besteht, sowie das Dodekaeder, das aus zwölf regulären Fünfecken zusammengesetzt ist.

Oktaeder und Würfel sind nahe Verwandte, man spricht von «dualen» Körpern: Der Würfel hat acht Ecken und sechs Seitenflächen, während es beim Oktaeder genau umgekehrt ist: Er besitzt sechs Ecken und acht Seitenflächen. Diese Gleichheit der Zahlen hat einen geometrischen Grund: Wenn man die Mittelpunkte benachbarter Seitenflächen des Oktaeders verbindet, erhält man einen Würfel – und umgekehrt.

Für den antiken Philosophen Platon (428/27–348/47 v. Chr.) war die Tatsache, dass es nur fünf reguläre Körper gibt, außerordentlich bemerkenswert, denn von den meisten mathematischen Gegenständen (Zahlen, Primzahlen, Dreiecken, Vierecken, …) gibt es unendlich viele. Er fand das so bedeutend, dass er diese Körper mit den vier antiken Elementen identifizierte (Tetraeder = Feuer, Würfel = Erde, Oktaeder = Luft, Ikosaeder = Wasser). Das noch fehlende Dodekaeder wurde dann mit dem Universum und später mit der «Quintessenz», dem geistigen Element, in Verbindung gebracht.

Die regulären Körper werden heute meist «platonische Körper» genannt (vgl. Kap. «12. Das Ganze ist mehr als die Summe seiner Teile», S. 70, und «60. Die beste Zahl», S. 102).

9

Eine langweilige Zahl?

Die Neun scheint die erste langweilige Zahl zu sein. Sie ist ungerade, also keine Zahl der Symmetrie. Sie ist keine Primzahl und hat nicht das Geheimnisvolle der Sieben. Gut: 9 ist eine Quadratzahl und folgt direkt auf die Kubikzahl 8.

Auch wenn man nach Erscheinungsformen der Neun in unserer realen Welt sucht, erhält man nur eine magere Ausbeute. Wir finden die sogenannten Neunaugen. Das sind fischähnliche Wirbeltiere, die – natürlich – nur zwei Augen haben. Der Name «Neunauge» leitet sich ab von den neun Öffnungen, die an jeder Seite des Tiers zu sehen sind: ein Auge, eine Nasenöffnung und sieben seitliche Kiemenspalten.

Eine zweite Erscheinungsform der Neun ist die Anzahl der Kegel beim Kegelspiel, verbunden mit dem Wunsch, dass die Kugel «alle Neune» treffen möge.

Auch in der geistigen Welt, das heißt der Welt der Religionen und der Künste, tritt die Neun de facto nicht auf. Und selbst wenn sie einmal vorkommt, hat man den Eindruck, es beruhe auf Zufall. In diesen Fällen wird die Neunzahl nicht mit Eigenschaften oder anderen Erscheinungsformen der Zahl 9 in Verbindung gebracht:

- Aus der altägyptischen Mythologie ist die «Enneade» (Neunheit) von Heliopolis bekannt, die die neun Götter umfasst, die die Welt erschaffen haben.

- Der Fastenmonat Ramadan ist der neunte Monat des islamischen Kalenders.
- In der christlichen Überlieferung wird die Neun als «Zahl des Heiligen Geistes» bezeichnet. Dazu werden zwei Belege aus der Bibel angeführt: Nach Galater 5,22 f. sind die Früchte des Heiligen Geistes Liebe, Freude, Friede, Geduld, Freundlichkeit, Güte, Treue, Sanftmut, Keuschheit. Wenn man nachzählt, kommt man tatsächlich auf neun. Genauso wie bei den speziellen Begabungen, die in 1. Korinther 12,8–10 aufgezählt werden. Aber nirgends wird die Zahl 9 auch nur genannt.
- In der griechischen Mythologie gibt es neun Musen.
- Die *Göttliche Komödie* von Dante Alighieri (1265–1321) berichtet von neun Kreisen der Hölle.
- Im Mittelalter waren die «neun Helden» sehr präsent, die in Dreiergruppen aufgeteilt sind: Cäsar, Hektor, Alexander – Josuah, David, Judas Makkabäus – Gottfried von Bouillon, Karl der Große, König Artus. Also jeweils drei Helden der Antike, des Judentums und des Christentums. Übrigens wurden parallel dazu auch «neun Heldinnen» verehrt.
- Es kursiert auch das Gerücht, dass alle großen Komponisten genau neun Sinfonien geschrieben hätten. Das ist allerdings komplett falsch. Die Idee kommt vermutlich von dem übergroßen Einfluss, den Beethovens neunte Sinfonie hatte. Nur die Komponisten Beethoven und Dvořák komponierten genau neun Sinfonien (Haydn 104, Mozart 41, Schubert 8, darunter die *Unvollendete*, Schumann 4, Mendelssohn 5, Brahms 4, Bruckner 11, zum Teil in mehreren Fassungen, Mahler 10, darunter seine *Neunte*, die er *Lied von der Erde* nannte, Schostakowitsch 15, Ives 4, Sibelius 7).

Alles in allem scheint die Neun tatsächlich eine Zahl zu sein, an der man nichts Besonderes finden kann. Aber in der Mathematik spielt die Zahl 9 eine Rolle, vielleicht keine Hauptrolle, aber eine wichtige Nebenrolle.

Bei einem «magischen Quadrat» geht es darum, die Zahlen 1, 2, …, 9 so in einem 3×3-Schema anzuordnen, dass die Summen jeder Zeile, jeder Spalte und jeder Diagonale gleich sind. Eine einfache Überlegung zeigt, dass diese Summe 15 sein muss: Da die Summe aller Zahlen von 1 bis 9 gleich 45 ist und sich diese gleichmäßig auf die drei Zeilen des Quadrats verteilen muss, ist die Summe in jeder Zeile gleich 45 : 3 = 15. Wenn man probiert, ein magisches Quadrat zu konstruieren, zeigt sich, dass es im Grunde nur eine Möglichkeit gibt: Die Fünf muss in die Mitte, die geraden Zahlen sind in den Ecken und die ungeraden an den Seiten.

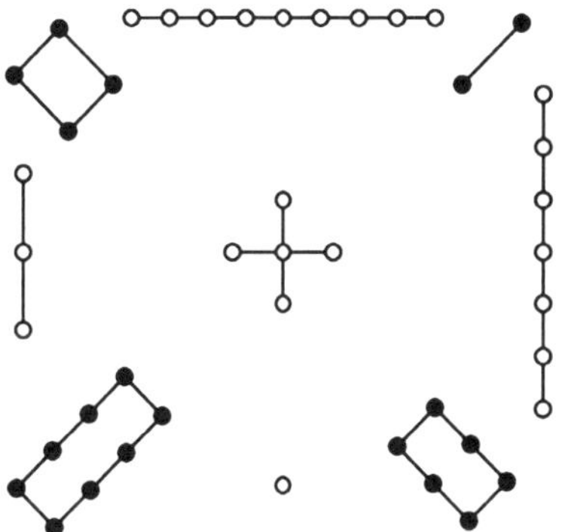

Vielleicht rührt die «Magie» des Quadrats daher, dass zwar die Zahlen sehr viele Bedingungen erfüllen müssen, dass es aber dennoch eine Lösung gibt. Jedenfalls wird das älteste magische Quadrat, das chinesische Lo-Shu, seit Jahrtausenden tradiert.

Auch das populäre Sudoku basiert auf der Zahl 9: Man

muss die Zahlen 1 bis 9 jeweils neun Mal in einem 9×9-Quadrat unterbringen, das in neun Unterquadrate mit jeweils neun Feldern aufgeteilt ist.

Bei dem Spiel Tic-Tac-Toe füllen zwei Spieler abwechselnd die Felder eines 3×3-Felds mit einem Kreis und einem Kreuz; wer zuerst die drei Felder einer Zeile, einer Spalte oder einer Diagonale mit seinem Zeichen gefüllt hat, hat gewonnen.

Wenden wir uns nun den zahlentheoretischen Eigenschaften der Zahl 9 zu. Die Neunerreihe, also die Vielfachen von 9, sind 18, 27, 36, 45, 54, 63, 72, 81, 90. Wenn man diese Reihe aufsagt oder – noch besser – vor sich hin murmelt, kann man sich dem Zauber dieser geheimnisvollen Regelmäßigkeit kaum entziehen: Die Zehnerziffern steigen jeweils um 1, und bei den Einerziffern wird von 9 bis 0 rückwärts gezählt. Insbesondere ist die Summe aus Zehner- und Einerziffer stets 9.

Das führt uns zur Teilbarkeitsregel durch 9. Diese ist ein kleines mathematisches Wunder. Um herauszufinden, ob eine Zahl ohne Rest durch 9 teilbar ist, braucht man die Teilung gar nicht durchzuführen, sondern man muss nur die Teilbarkeit eines kleinen Extrakts der Zahl prüfen, der sogenannten Quersumme. Wenn man wissen möchte, ob die Zahl 837 durch 9 teilbar ist, addiert man ihre Ziffern: $8+3+7=18$. Da 18 durch 9 teilbar ist, gilt das auch für 837.

Bei großen Zahlen wie 123 456 789 ist die Regel noch eindrücklicher. Die Quersumme ist $1+2+3+4+5+6+7+8+9=45$. Da 45 durch 9 teilbar ist (denn 45 ist 5 mal 9), ist auch die gesamte Zahl durch 9 teilbar.

〰〰〰〰〰〰

Die sogenannte Neunerprobe ist ein sehr effizienter Test auf die Korrektheit einer Rechnung (Addition oder Multiplikation). Diese Methode stammt vermutlich aus Indien, wurde von Fibonacci (eigentlich Leonardo da Pisa, um 1180–um 1250) im Jahr 1202 beschrieben und von Adam Ries (1492–1559) populär gemacht.

Die Neunerprobe basiert auf zwei Pfeilern. Zum einen geht es um Reste bei der Division durch 9, zum anderen um das Rechnen mit diesen Resten.

Wenn man eine Zahl durch 9 teilt, bleibt normalerweise ein Rest. Zum Beispiel hat 47 den Rest 2, denn 47 geteilt durch 9 ergibt 5, und es bleibt ein Rest von 2. Wir schreiben $R(47) = 2$. Entsprechend hat 63 den Rest 0, denn die Division $63 : 9$ geht auf; das heißt $R(63) = 0$. Bei großen Zahlen ist es schwierig, den «Neunerrest» auf diese Weise zu bestimmen. Aber zum Glück gibt es einen Trick. Der beruht darauf, dass eine Zahl und ihre Quersumme den gleichen Neunerrest haben. Das heißt: Man bestimmt die Quersumme; falls diese nicht einstellig ist, bestimmt man davon die Quersumme und so weiter. So erhält man den Neunerrest. Zum Beispiel ist die Quersumme von 47 gleich $4 + 7 = 11$, und die Quersumme von 11 ist 2. Daher ist der Neunerrest von 47 gleich 2. Die Quersumme der Zahl 13 579 ist $1 + 3 + 5 + 7 + 9 = 25$. Also ist der Neunerrest dieser Zahl gleich 7.

Wie kann man die Reste nutzen, um Rechnungen zu überprüfen? Ganz einfach: Wenn eine Rechnung $a + b = c$ stimmt, dann muss auch die entsprechende Rechnung mit den Resten stimmen, es muss also gelten $R(a) + R(b) = R(c)$. Zum Beispiel ist $47 + 73 = 120$. Der Neunerrest von 47 ist 2, der von 73 ist 1 und der von 120 ist 3, und tatsächlich ist $2 + 1 = 3$, oder kurz $R(47) + R(73) = R(120)$.

Das funktioniert auch bei der Multiplikation. Betrachten wir die Aufgabe $21 \cdot 29$. Weil 21 den Rest 3 und 29 den Rest 2 hat, muss das Ergebnis den Rest $3 \cdot 2 = 6$ haben. Wenn jemand behauptet, das Ergebnis sei 689, dann können wir nachweisen, dass das falsch ist, denn der Neunerrest von 689 ist 5. Tatsächlich ist das korrekte Ergebnis 609.

Mit der Neunerprobe kann man viele falsche Ergebnisse entdecken – allerdings nicht alle. Zum Beispiel werden Zahlendreher im Ergebnis nicht erkannt.

Es gibt allerdings auch ein Indiz, das auf einen Zahlendreher hinweist: Wenn bei der Addition, Subtraktion oder Multiplikation von Zahlen zwei unterschiedliche Ergebnisse vorliegen und die Differenz der Ergebnisse durch 9 teilbar ist, deutet dies auf einen Zahlendreher bei einer der Zahlen hin, die in die Berechnung eingehen.

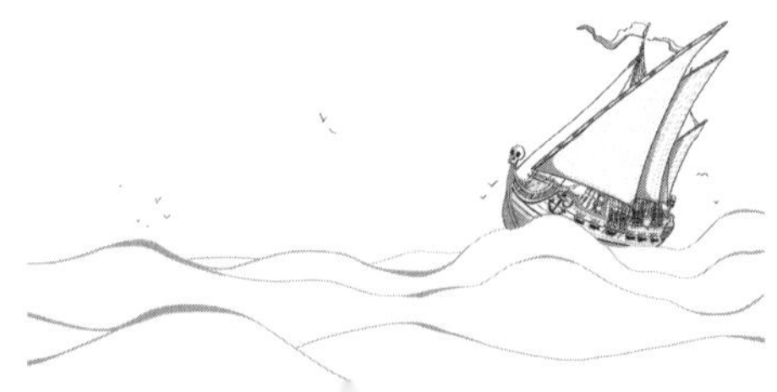

0

Das Symbol für Nichts

Die Erfindung der Null war überfällig. Zwar stammt das erste erhaltene Dokument mit unserer Null bereits aus dem 3. Jahrhundert, aber die Null hätte schon längst vorher erfunden werden können, ja erfunden werden müssen.

Zugegeben, in den meisten der damaligen Zahlensysteme brauchte man sie nicht. Weder bei der ägyptischen noch bei der griechischen noch bei der römischen Zahlenschreibweise stellte sich die Frage nach der Null. Denn in diesen Systemen werden die einzelnen Zahlzeichen einfach nebeneinandergesetzt, um eine Zahl zu bilden. Zum Beispiel schrieben die Römer CXXVIII für $100+2\cdot 10+5+3\cdot 1=128$. Wenn es von irgendeiner Sache nichts gab, schrieb man konsequenterweise dafür keine Zahl. Missverständnisse ergaben sich nicht.

Die Null spielt nur eine Rolle in den sogenannten Stellenwertsystemen. Dort allerdings eine bedeutende.

Die Babylonier benutzten schon um 2000 v. Chr. ein Stellenwertsystem und setzten dieses sehr erfolgreich für Rechnungen ein, die man mit anderen Zahlensystemen nicht hätte bewältigen können. Das babylonische Zahlensystem baute nicht auf der Zahl 10 auf, wie das in unserem Dezimalsystem der Fall ist, sondern auf der Basis 60. Daher brauchten die Babylonier als Ziffern die Zahlen 1, 2, ..., 59, die sie mit Keilschriftzeichen schrieben.

Wie bei jedem Stellenwertsystem hängt der Wert einer Ziffer entscheidend davon ab, an welcher Stelle diese steht. Im Dezimalsystem unterscheiden wir von rechts nach links Einer, Zehner, Hunderter, … Dementsprechend hatte im 60er-System der Babylonier jede Zahl eine Einerstelle, eine 60er-Stelle, eine 3600er-Stelle und so weiter. Die zweistellige babylonische Zahl mit den Ziffern 3 und 5 hat den Wert $3 \cdot 60 + 5 = 185$. Die dreistellige babylonische Zahl mit den Ziffern 2, 3, 5 hat den Wert $2 \cdot 3600 + 3 \cdot 60 + 5 = 7385$.

Wir nutzen dieses 60er-System noch heute bei der Zeiteinteilung. Jede Minute hat 60 Sekunden, jede Stunde 60 Minuten, also $60 \cdot 60 = 3600$ Sekunden. Die babylonische Zahl mit den Ziffern 2, 3, 5 gibt daher die Anzahl der Sekunden an, die in 2 Stunden, 3 Minuten und 5 Sekunden verstreichen.

Die Babylonier kannten die Ziffern 1, …, 59, aber nicht die Ziffer 0. Wenn an einer Stelle nichts stand, ließen sie einfach eine Lücke. Das ist eine perfekte Übereinstimmung von Inhalt und Form (wo nichts ist, wird auch nichts hingeschrieben), aber damit waren Probleme vorprogrammiert. Denn die Ziffernfolge 2 5 könnte interpretiert werden als 2 Sechziger plus 5 Einer, also 125. Man könnte aber auch den Abstand zwischen der 2 und der 5, der beim Schreiben unvermeidlich ist, als Lücke interpretieren, und dann hätte man $2 \cdot 3600$ plus 5, also 7205. Kurz, die möglichen Zahlen, die sich hinter einer Ziffernfolge verbergen, sind nicht nur ein bisschen verschieden, sondern unterscheiden sich um Größenordnungen! Für den praktischen Umgang mit Zahlen ist das nicht tolerierbar.

Irgendwann muss ein Mensch in Mesopotamien die geniale Idee gehabt haben, gerade die Tatsache, dass an einer Stelle nichts steht, durch ein Zeichen darzustellen. Dieses Zeichen (zwei kleine Pfeile), das eine Lücke bezeichnete, kann man als Vorbote der Null ansehen. Es war aber noch nicht die Zahl 0. Denn eine Zahl ist etwas, womit man rechnen kann, und gerechnet wurde mit diesem Lückenfüller nicht.

«Unsere» Null wurde in Indien erfunden, und zwar vor knapp 2000 Jahren. In dem sogenannten Bakhshali-Manuskript, das aus dem 3. oder 4. Jahrhundert stammt, kommt die Null als kleiner Punkt vor; auch dort dient sie primär als Lückenfüller oder Platzhalter, hat aber schon das Potential für eine eigenständige Ziffer. Später wird die Null in Indien völlig selbstverständlich benutzt. So wird sie zum Beispiel auf einer Steintafel in Gwalior, Zentralindien, aus dem Jahre 787 gleich zweimal verwendet, zur Darstellung der Zahlen 270 und 50.

Das Dezimalsystem und damit die indische Null verbreiteten sich im Laufe der folgenden Jahrhunderte über die Handelswege nach Westen und wurden insbesondere in der islamischen Kultur intensiv rezipiert.

Der indische Mathematiker Brahmagupta (598– nach 665) behandelte in seinem Werk *Brahmasphutasiddhanta* die Null sehr ausführlich. Er sieht die Null nicht nur als Leerstelle, sondern fasst sie als eine Zahl auf, mit der man rechnen kann. Zum Beispiel nennt er Eigenschaften wie: «Wenn man zu einer Zahl null addiert oder null von einer Zahl subtrahiert, bleibt die Zahl unverändert; und wenn man eine Zahl mit null multipliziert, wird sie selbst null.»

Die erste bekannte muslimische Auseinandersetzung mit dem indischen Zahlensystem ist eine Schrift, die von dem bedeutenden Mathematiker al-Chwarizmi verfasst wurde. Diese erschien um 825 in Damaskus. In ihr führte al-Chwarizmi die indische Null in das arabische Zahlensystem ein und sorgte so für ihre Verbreitung. Eine spätere lateinische Ausgabe dieses Buches trug den Titel *Algoritmi de numero Indorum* («Al-Chwarizmi über die indischen Zahlen»). Das

Wort «Algoritmi» wurde dann bald nicht mehr auf den Verfasser, sondern auf die Rechenverfahren bezogen. Heute steht der Begriff «Algorithmus» ganz allgemein für Rechenverfahren.

In Europa ist die Null erst im Jahr 1202 angekommen. In diesem Jahr veröffentlichte der bedeutende mittelalterliche Mathematiker Fibonacci sein Buch *Liber Abaci* (das «Rechenbuch»). Dieses beginnt programmatisch mit dem Satz «Die neun indischen Figuren sind 9 8 7 6 5 4 3 2 1. Mit diesen neun Figuren und dem Zeichen 0, welches die Araber Zephirum nennen, lässt sich jede Zahl schreiben.» Es dauerte aber noch drei Jahrhunderte, bis sich 1522 das Dezimalsystem durch den Bestseller *Rechenung auff der linihen und federn* von Adam Ries endgültig durchgesetzt hat.

Die indische Null ist zwar weltweit präsent, aber sie ist nicht die erste Null der Menschheit. Denn die Maya in Südamerika verwendeten schon vor über 2000 Jahren ein hochentwickeltes Zahlensystem, das sie insbesondere zur Kalenderberechnung einsetzten. Sie nutzten ein Stellenwertsystem zur Basis 20, vermutlich weil sie mit Fingern und Zehen zählten. Und sie hatten die schönste Null, die es je gab, nämlich eine kleine Muschel.

Die Kultur und das Volk der Maya starben allerdings im 10. Jahrhundert aus, wobei die Ursachen nach wie vor nicht endgültig geklärt sind. Daher hatte die Mathematik der Maya im Allgemeinen und ihre Null im Besonderen keinerlei Einfluss auf die Entwicklung der Zahlensysteme im Rest der Welt.

10

Die Zahl der Rationalität

Die Tatsache, dass wir Menschen zehn Finger haben, hat wie keine andere unser Zählen und unsere Zahlvorstellung beeinflusst. Denn das naheliegende Hilfsmittel zum Zählen sind unsere Finger. Dabei bilden die fünf Finger der ersten Hand einen ersten Haltepunkt, und bei zehn ist ein echter Abschluss vorhanden.

Deshalb orientieren sich die Zahlensysteme fast aller Kulturen in selbstverständlicher Weise an der Zahl 10: Die Babylonier setzten ihre Ziffern durch ein Zeichen für 1 und eines für 10 zusammen. Die Ägypter hatten Zeichen für 1, 10, 100, 1000, ... Ebenso sind die römischen Zahlzeichen I, V, X, L, C, D, M an der Zehn ausgerichtet. Im Griechischen und Hebräischen werden Buchstaben für die Zahlen 1 bis 9, 10 bis 90 und 100 bis 900 verwendet. Die Inka in Südamerika realisierten bei den Quipu-Schnüren ein Dezimalsystem, wobei die Anzahl der Knoten den Wert der Ziffer angab. Und so weiter und so weiter.

Die besondere Stellung der Zehn zeigt sich auch darin, dass in den meisten Sprachen die Zahlen 1 bis 10 individuelle Namen tragen, die Zahlen 11 und 12 Anklänge an Eins und Zwei aufweisen und ab 13 systematische Zahlennamen benutzt werden.

Schon die Pythagoreer waren überzeugt, dass die Zehn eine «vollkommene Zahl» ist, da sie «die gesamte Natur der

Zahlen zu umfassen scheint». Symbolisiert wurde die Zehn durch die Tetraktys, in der 1 + 2 + 3 + 4 Punkte in Dreiecksform angeordnet sind.

Die hohe Präsenz der Zahl Zehn als feste Einheit ist maßgeblich durch die Zehn Gebote bedingt, deren Auswirkung weit über die jüdische und christliche Religion hinausgeht.

Die wichtigste Ausprägung der Zehn ist aber das Dezimalsystem, das heißt das Stellenwertsystem zur Basis 10 mit den zehn Ziffern 0, 1, 2, …, 9. Dieses wurde im 3. Jahrhundert in Indien erfunden, oder genauer gesagt wurde dort unsere Null erfunden.

Das Dezimalsystem hat – wie alle Stellenwertsysteme, zum Beispiel auch das Binärsystem – zwei Vorteile, die es vor allen anderen Zahlenschreibweisen auszeichnen:

- Man kann mit den Ziffern beliebig große Zahlen darstellen. Im Dezimalsystem brauchen wir nur die Ziffern 0, 1, 2, …, 9, um auch die größten Zahlen schreiben zu können.
- Man kann einfach rechnen. Das geschieht dadurch, dass man alle Rechenoperationen (plus, minus, mal, geteilt) auf das Rechnen mit Ziffern, also mit sehr kleinen Zahlen, zurückführt: Beim schriftlichen Addieren addiert man die einzelnen Ziffern: zunächst die Einer, dann die Zehner, dann die Hunderter, … Und die einzigen Multiplikationen, die wir (oder ein Computer) wirklich kennen müssen, sind die des kleinen Einmaleins.

Die Französische Revolution hat unsere Geschichte in einem nicht zu überschätzenden Maße geprägt. Als Erstes kommen einem die Parole «Freiheit, Gleichheit, Brüderlichkeit» (Liberté, Égalité, Fraternité) und die Erklärung der Menschen- und Bürgerrechte in den Sinn. Aber mindestens genauso nachhaltig hat sich die Französische Revolution durch die Einführung des Dezimalsystems bei allen Erscheinungsformen von Zahlen durchgesetzt.

Die Idee war, die historisch überkommenen Längen- und Gewichtsmaßeinheiten zu vereinheitlichen und auf eine vernünftige Grundlage zu stellen. Daher wurden alle alten Maßsysteme durch «republikanische» (= dezimale) Maßsysteme abgelöst: Am 1. August 1793 wurde das Urmeter zu 100 Zentimeter und 1000 Millimeter eingeführt sowie das Volumenmaß Liter (= 1 Kubikdezimeter) etabliert. Da diese Größen beliebig definiert werden können, war man frei, auch «vernünftige» dezimale Einheiten einzuführen.

Bei der Zeiteinteilung ist das vollkommen anders. Die Definition von Jahr und Tag liegt nicht in menschlicher Hand, denn die entsprechenden Zeiten sind durch astronomische Tatsachen unmanipulierbar gegeben. Dazu kommt, dass die dabei auftretenden Zahlen gar nichts «Schönes» haben und überhaupt nicht aufeinander abgestimmt sind: Ein Jahr besteht aus (ungefähr) 365,242 Tagen, ein Mondzyklus setzt sich im Mittel aus 29,53 Tagen zusammen. Aus diesen Gründen ist es ausgesprochen schwierig, einen Kalender zu konzipieren, der lange, im Idealfall ewig, gelten soll.

Der französische Revolutionskalender sollte auf vernünftigen Gründen aufgebaut und nicht durch religiöse Traditionen wie Christi Geburt, Auferstehung, Himmelfahrt oder Ähnliches bestimmt sein. Daher handelten die Revolutionäre auch hier radikal. Sie teilten das Jahr in 12 Monate. Jeder Monat bestand aus 3 «Dekaden» zu je 10 Tagen. Übrig blieben 5 oder 6 Schalttage, die am Ende jedes Jahres wohl oder übel abgefeiert werden mussten. Dieser Kalender galt immerhin von 1792 bis Ende 1805.

Eine weitere Idee war die dezimale Einteilung eines Tages in Stunden. Ab 1794 sollte jeder Tag in 10 Stunden mit jeweils 100 Minuten, von denen jede aus 100 Sekunden besteht, eingeteilt sein. Diese Idee war allerdings zu radikal, denn man hätte von einem Tag auf den anderen alle Uhren durch neue ersetzen müssen. Daher trat das entsprechende Gesetz nie in Kraft.

11

Die Zahl, die im Verborgenen wirkt

Das sogenannte Pascalsche Dreieck ist eine Anordnung von Zahlen, die sich fast von selbst ergibt, in der sich aber unglaublich viele Geheimnisse entdecken lassen. Damit ist es ein prominentes Beispiel für den Übergang vom kombinatorisch-spielerischen Erspüren von Geheimnissen zum systematischen Erforschen mathematischer Gesetzmäßigkeiten.

Der französische Theologe und Mathematiker Blaise Pascal (1623–1662) hat zwar 1655 in seinem *Traité du triangle arithmétique* das Pascalsche Dreieck definiert und untersucht, aber er war bei weitem nicht der Erste. Schon 1631/32 zierte das Pascalsche Dreieck die Titelseite eines Mathematikbuchs des deutschen Mathematikers Peter Apian, und etwa ein Jahrhundert zuvor wurde es auch von dem italienischen Mathematiker Niccolò Tartaglia «erfunden».

Der chinesische Mathematiker Yang Hui hatte das Dreieck schon im Jahre 1261 behandelt, aber auch er war nicht der Erste. Denn etwa gleichzeitig wurde das Pascalsche Dreieck im 10. Jahrhundert in Indien und im damaligen Persien von dem Mathematiker Omar Chayyam betrachtet.

Daher ist das Pascalsche Dreieck unter verschiedenen Namen bekannt: In Italien heißt es *triangolo di Tartaglia*, in China wird es Yang-Hui-Dreieck genannt, und im Iran kennt man es als Chayyam-Dreieck.

Was ist nun das Pascalsche Dreieck? Es ist ein dreieckiges Schema, das im Prinzip unendlich viele Zeilen hat und so anfängt:

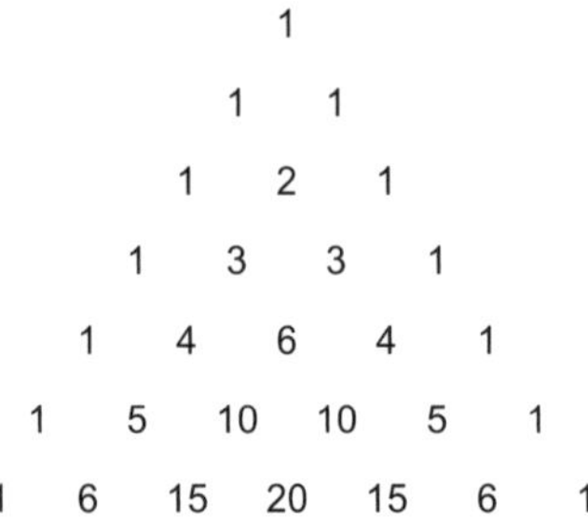

Das Dreieck entsteht so, dass in jeder Zeile links und rechts eine Eins steht und ansonsten jede weitere Zahl die Summe der beiden links und rechts über ihr stehenden Zahlen ist. Unausgerechnet würde die sechste Zeile so lauten:

$$1 \quad 1+4 \quad 4+6 \quad 6+4 \quad 4+1 \quad 1$$

Das Pascalsche Dreieck hat unüberschaubar viele interessante Eigenschaften. Wir nennen nur zwei:

- Die Summe der Zahlen in jeder Zeile ist eine Potenz von 2, und zwar der Reihe nach 1, 2, 4, 8, 16, …
- Wenn man die Zahlen einer Zeile abwechselnd addiert und subtrahiert, ergibt sich immer null. Für die fünfte Zeile erhalten wir zum Beispiel $1-4+6-4+1=0$.

Der Zusammenhang des Pascalschen Dreiecks mit der Zahl 11 ist überraschend und scheint gar nicht auf der Hand zu liegen. Aber die Zahl 11 hat eine außerordentlich enge Beziehung zum Pascalschen Dreieck. Sie liegt ihm sozusagen zugrunde. Denn aus Sicht der Zahl 11 ist das Pascalsche Dreieck nur eine Inkarnation der Zahl 11 und ihrer Potenzen, also der Zahlen 11^2, 11^3 und so weiter.

Die zweite Zeile kann man als die Zahl 11 lesen. In der

nächsten Zeile steht 121, das ist gleich 11^2. Die nächste Zeile lautet 1331, und tatsächlich ist $11^3 = 1331$. Entsprechendes gilt für jede Zeile. Wenn Sie wissen wollen, was 11^4 ist, gehen Sie in die Zeile, deren zweite Zahl 4 ist. Dort steht das Ergebnis. Von rechts nach links gelesen ergibt sich folgende Zahl: 1 Einer, 4 Zehner, 6 Hunderter, 4 Tausender und 1 Zehntausender.

Ein Blick auf die nächste Zeile zeigt uns, dass 11^5 die Zahl ist, die aus 1 Einer, 5 Zehnern, 10 Hundertern, 10 Tausendern, 5 Zehntausendern und 1 Hunderttausender zusammengesetzt ist. Sie merken: Wir haben die 10 Hunderter nicht in einen Tausender verwandelt und auch die 10 Tausender unberührt gelassen. Das heißt, wir berechnen die Potenzen von 11 ohne Übertrag. An den einzelnen Stellen können große Zahlen entstehen, aber das macht nichts, wir erhalten jeweils eine wohldefinierte Zahl.

Warum gilt das? Schauen wir uns dazu noch einmal die sechste Zeile an. Angenommen, wir haben schon überprüft, dass die vorige Zeile die Zahl 11^4 darstellt. Wir rechnen 11^5 aus: $11^5 = 11^4 \cdot 11$, und da $11^4 = 14\,641$ ist, ist $11^5 = 14\,641 \cdot 11$.

Erinnern Sie sich, wie Sie in der Grundschule das schriftliche Multiplizieren gelernt haben? Wenn wir 14 641 mit 23 multiplizieren wollten, würden wir 14 641 zunächst mit 2 multiplizieren, dann mit 3, die beiden Ergebnisse versetzt untereinanderschreiben und diese dann addieren.

Die Multiplikation mit 11 ist noch viel einfacher: Wir brauchen nur die Zahl 14 641 zweimal versetzt untereinanderzuschreiben und zu addieren:

1	4	6	4	1	·	1	1
1	4	6	4	1			
	1	4	6	4	1		
1	4+1	6+4	4+6	1+4	1		

Die letzte Zeile ist genau die nächste Zeile des Pascalschen Dreiecks! Also ist diese Zeile gleich 11^5.

Das Auftreten der Elf im Alltag spiegelt auch ihr Wesen wieder: Sie wirkt im Verborgenen, irritiert uns manchmal und führt uns auf falsche Fährten:

– Der Elferrat im Karneval besteht vermutlich auch deswegen aus 11 Mitgliedern, damit die Zahlen 10 und 12, die sich für ein wichtiges Gremium anbieten, vermieden werden.
– Warum eine Fußballmannschaft aus genau 11 Spielern bestehen muss, ist unklar. Heutige Modellrechnungen zeigen, dass 11 Spieler (d. h. 10 Feldspieler) in gewissem Sinne die «richtige» Zahl sind: Mehr Spieler würden das Spiel hektischer, weniger Spieler würden es langatmiger machen.
– Der «Elfmeter», also der Strafstoß beim Fußballspiel, hat nur entfernt mit 11 Metern zu tun. In Wirklichkeit ist der Elfmeterpunkt nämlich genau 12 Yards von der Torlinie entfernt, und das sind etwa 10,97 Meter.

Die verborgene Power der Elf zeigt sich besonders in ihren Teilbarkeitseigenschaften. Man kann leicht überprüfen, ob eine Zahl durch 11 teilbar ist. Einige Beispiele:

– Wir schreiben eine beliebige Zahl auf, zum Beispiel die ersten fünf Stellen der Zahl π: 31415. Dies ist die erste Hälfte der Zahl, die wir betrachten. Die zweite Hälfte ist die Spiegelzahl der ursprünglich gewählten Zahl; insgesamt betrachten wir die Zahl 3141551413. Die so gebildete zehnstellige Zahl ist immer durch 11 teilbar!

– Wählen Sie auf dem Taschenrechner oder auf dem Ziffernblock einer Tastatur vier Ziffern, die die Ecken eines Rechtecks bilden. Zum Beispiel könnten Sie in der ersten Zeile 7 und 9 und in der zweiten 4 und 6 wählen. Nun tippen Sie diese Ziffern im oder gegen den Uhrzeigersinn. Sie erhalten dadurch eine vierstellige Zahl, zum Beispiel 4697. Wenn Sie diese durch 11 dividieren, werden Sie sehen: Es geht auf!

Ganz allgemein kann man testen, ob eine Zahl durch 11 teilbar ist, indem man ihre «alternierende Quersumme» betrachtet. «Alternierend» heißt «abwechselnd»; bei der alternierenden Quersumme wechselt man mit Addition und Subtraktion der Ziffern ab. Die alternierende Quersumme der Zahl 9471 ist $+9-4+7-1=11$.

Die Regel lautet: Wenn die alternierende Quersumme einer Zahl durch 11 teilbar ist, dann ist auch die Zahl selbst durch 11 teilbar. Daher ist zum Beispiel die Zahl 9471 durch 11 teilbar.

Da 0 durch 11 ohne Rest teilbar ist, gilt insbesondere: Wenn die alternierende Quersumme null ist, dann ist die Zahl durch 11 teilbar.

So kann man zum Beispiel den Trick mit den Spiegelzahlen erklären: Die alternierende Quersumme von 3141551413 ist $+3-1+4-1+5-5+1-4+1-3$. Wenn man diesen Ausdruck von innen nach außen liest, erkennt man, dass sich die Fünfen aufheben, dann die Einsen, die Vieren, die Einsen und schließlich auch die Dreien. Also ist die alternierende Quersumme in jedem Fall null.

12

Das Ganze ist mehr als die Summe seiner Teile

Wenn der Begriff der vollkommenen Zahl nicht schon vergeben wäre, dann müsste die Zahl 12 vollkommen genannt werden. Wenn zwölf Objekte ein Ganzes bilden, dann ist diese Zusammenstellung so fest und klar, dass sie nicht mehr anders gedacht werden kann. Jedes der zwölf Objekte spielt nur noch die Rolle eines Teils des Ganzen und kommt als individuelles Objekt nur mehr in zweiter Linie zur Geltung.

Das ist so bei den zwölf Stunden eines Tages, bei den zwölf Monaten, den zwölf Tierkreiszeichen, den zwölf Rittern der Tafelrunde und den zwölf Halbtönen der chromatischen Tonleiter, kurz bei allem, was sich zu einem Dutzend fügt.

Die griechische Mythologie erzählt, dass der Olymp, das höchste griechische Gebirge, von den folgenden zwölf olympischen Göttern und Göttinnen bevölkert wurde: Zeus, Poseidon, Hera, Demeter, Apollon, Artemis, Athene, Ares, Aphrodite, Hermes, Hephaistos und Hestia.

In der Bibel zeigt sich die Zahl sehr häufig und in hervorgehobener Weise: Den Anfang machen die zwölf Söhne Jakobs, aus denen die zwölf Stämme Israels entstehen, die wiederum Vorbild für die zwölf Jünger Jesu und damit die zwölf Apostel sind. König Salomons Thron ist von zwölf goldenen Löwen umgeben. In der Apokalypse wird als Utopie das himmlische Jerusalem beschrieben, dessen Stadtmauer zwölf Grundsteine hat, auf denen die Namen der zwölf Apostel stehen. Diese Mauer ist 144 Ellen lang (12 mal 12), und «die zwölf Tore waren zwölf Perlen». Kurz: Die Zahl 12 war die göttliche Ordnungsstruktur, ein Zeichen Gottes auf der Erde.

Bei all diesen Erscheinungsformen der Zahl 12 stellt sich überhaupt nicht die Frage, ob es vielleicht weniger oder mehr Teile sein könnten: eine Uhr mit 13 Stunden? Nur 10 Monate? 14 Apostel? Unvorstellbar! Kein Mensch kommt auf die Idee, zu einer Zwölfheit noch etwas hinzuzufügen oder etwas wegzunehmen, damit es 11 oder 14 Teile würden.

Das Ganze besteht aus zwölf Teilen und fügt sich genau dadurch zu einer unverbrüchlichen, in sich stimmigen Einheit zusammen.

Warum ist die Zwölf so «rund», so in sich geschlossen? Das liegt entscheidend an einer mathematischen Eigenschaft der Zahl 12. Sie ist nämlich durch erstaunlich viele Zahlen teilbar: Wie jede Zahl kann man auch 12 ohne Rest durch 1 und sich selbst teilen. Aber zwölf Objekte kann man auch, ohne dass ein Rest bleibt, in 2, 3, 4 und 6 gleich große Teile aufteilen. Die Zahl 12 hat sechs Teiler, wenn man die 1 und die Zahl selbst dazunimmt, mehr Teiler als jede Zahl vor ihr.

Man nennt solche Zahlen etwas umständlich «hochzusammengesetzt». Diese Zahlen sind sozusagen das Gegenteil von Primzahlen. Primzahlen haben so wenige Teiler wie möglich, hochzusammengesetzte Zahlen haben mehr als jede vor ihnen. Der englische Mathematiker G. H. Hardy (1877–1947) sagte, eine hochzusammengesetzte Zahl «ist so verschieden zu einer Primzahl, wie eine Zahl es sein kann».

Es gibt unendlich viele hochzusammengesetzte Zahlen, die ersten sind 1, 2, 4, 6, 12, 24, 36, 48, 60.

Das indische Mathematikgenie Srinivasa Ramanujan (1887–1920) war von den hochzusammengesetzten Zahlen fasziniert (vgl. Kap. «1729. Die Ramanujan-Zahl», S. 122). Um ihren Geheimnissen auf die Spur zu kommen, hat er sich viele hochzusammengesetzte Zahlen und deren Primfaktorzerlegung angesehen. Das ist ein natürlicher Gedanke, denn an der Primfaktorzerlegung kann man die Teiler einer Zahl erkennen. In der folgenden Tabelle sind einige hochzusammengesetzte Zahlen und ihre Primfaktorzerlegung dargestellt.

Hochzusammengesetzte Zahl	6	12	24	36	48	60	720	1680
Primfaktorzerlegung	$2 \cdot 3$	$2^2 \cdot 3$	$2^3 \cdot 3$	$2^2 \cdot 3^2$	$2^4 \cdot 3$	$2^2 \cdot 3 \cdot 5$	$2^4 \cdot 3^2 \cdot 5$	$2^4 \cdot 3 \cdot 5 \cdot 7$

Ramanujan hat sich zunächst die Primzahlen angeschaut, die in einer hochzusammengesetzten Zahl vorkommen. Dabei ist ihm aufgefallen, dass die 2 immer dabei ist. Und die 3 ist auch immer dabei (außer bei den Zahlen 1, 2, 4). Und sobald eine hochzusammengesetzte Zahl drei Primfaktoren hat, sind es die Primzahlen 2, 3, 5. Das konnte Ramanujan allgemein beweisen: Die Primzahlen kommen in hochzusammengesetzten Zahlen «lückenlos» vor; wenn eine solche Zahl zehn verschiedene Primfaktoren hat, dann sind dies die *ersten* zehn Primzahlen.

In einem zweiten Schritt hat sich Ramanujan die Exponenten (Hochzahlen) der vorkommenden Primzahlen angeschaut.

In jeder natürlichen Zahl kommt eine Primzahl entweder in der ersten Potenz vor (dann lassen wir den Exponenten in der Regel weg) oder in der zweiten, dritten, … Potenz. Zum Beispiel kommen in der Zahl 60 die Primzahl 2 in der zweiten Potenz und die Primzahlen 3 und 5 in der ersten vor. Man könnte auch schreiben $60 = 2^2 \cdot 3^1 \cdot 5^1$.

Genauer gesagt ist jede natürliche Zahl ein Produkt von Potenzen von Primzahlen, also sieht sie so aus: $2^a \cdot 3^b \cdot 5^c \cdot 7^d \cdot \ldots$ Im Allgemeinen kann man über die Exponenten a, b, c, … keine Aussage machen; es kann alles passieren. Bei hochzusammengesetzten Zahlen ist es aber so, dass keine dieser Zahlen größer als ihr Vorgänger ist. Mit anderen Worten: In der Primfaktorzerlegung einer hochzusammengesetzten Zahl erscheinen mindestens so viele Zweien wie Dreien, mindestens so viele Dreien wie Fünfen und so weiter: Kurz $a \geq b \geq c \geq d \geq \ldots$

~~~~~~~~~~~~~~~~~~~~

Erstaunlicherweise taucht die Zahl 12 auch in der Geometrie prominent auf. Einer der platonischen Körper ist das Dodekaeder, das aus genau 12 regulären Fünfecken besteht. Das Dodekaeder ist der fünfte platonische Körper, derjenige, der mit keinem der antiken Elemente Feuer, Wasser, Luft und Erde in Verbindung gebracht wurde, sondern den schon Platon mit dem Universum identifiziert hat, also mit dem denkbar Größten (vgl. Kap. «60. Die beste Zahl», S. 102).

Auch der klassische Fußball, der aus schwarzen Fünfecken und weißen Sechsecken zusammengesetzt ist, besitzt genau 12 Fünfecke. Da jedes Fünfeck genau 5 Ecken hat und keine zwei fünfeckigen Flächen des Fußballs eine gemeinsame Ecke haben, besitzt der Fußball insgesamt $12 \cdot 5 = 60$ Ecken.

Die Chemiker haben den Fußball weiterentwickelt und sind dabei auf ein Geheimnis der Zahl 12 gestoßen. Ihre Aus-
~~~~~~~~~~~~~~~~~~~~

gangsfrage war: Wie sieht ein Molekül aus, das aus genau 60 Kohlenstoffatomen besteht? Nach intensivem Nachdenken fand eine amerikanisch-britische Forschergruppe 1985 heraus, dass dieses C_{60}-Molekül wie ein Fußball aussieht. An jeder der 60 Ecken eines Minifußballs sitzt jeweils ein Kohlenstoffatom. In dieser Form bilden die 60 Kohlenstoffatome eine stabile Struktur. Dieses «Fußballmolekül» war derart sensationell, dass die Forscher dafür 1996 mit dem Nobelpreis ausgezeichnet wurden. Sie nannten das C_{60}-Molekül übrigens «Fulleren», weil der amerikanische Architekt Buckminster Fuller (1895–1983) sie zur Idee der Fullerene inspiriert hatte.

Man hat weitere Fullerene gefunden, solche mit 70, 76, 80, 90 und noch mehr Kohlenstoffatomen. Diese Moleküle bilden auch dreidimensionale Körper, die aus Fünf- und Sechsecken bestehen. Über die Anzahl der Sechsecke kann man a priori keine Aussage treffen, aber man weiß, dass es immer genau 12 Fünfecke sind. Auch bei hypothetischen neuen Fullerenen ist von vornherein klar: Sie können aussehen, wie sie wollen, aber sie haben genau 12 Fünfecke.

Warum ist das so? Aus chemischen Gründen besteht jedes Fulleren aus Fünfecken und Sechsecken, und jedes Kohlenstoffatom ist mit genau drei weiteren Kohlenstoffatomen verbunden. Daraus lässt sich mathematisch stringent ableiten, dass die Anzahl der Fünfecke genau 12 ist. Ein mathematisches Wunder – obwohl man es beweisen kann.

13

Eine wilde Zahl

Am 13. April 1970 sendete die Weltraumkapsel Apollo 13, die um 13:13 Uhr gestartet war, ihren legendären Notruf ab: «Houston, we have a problem.»

Für alle Triskaidekaphobiker, also alle, die Furcht (*phobie*) vor der Zahl 13 (*triskaideka*, drei und zehn) haben, muss diese Nachricht als eine Bestätigung ihrer Vorstellungen gewirkt haben. Für sie ist klar, dass die Zahl 13 Unglück bringt.

Triskaidekaphobiker sind erleichtert,

- wenn ein Hochhaus kein Stockwerk mit der Nummer 13 hat, sondern auf das zwölfte Stockwerk das Stockwerk 12 A folgt,
- wenn bei einem ICE der Wagen Nr. 12 unmittelbar an den Wagen Nr. 14 angekuppelt ist,
- wenn es im Flugzeug keine 13. Sitzreihe gibt,
- wenn ihnen im Hotel oder gar im Krankenhaus nicht das Zimmer Nr. 13 angeboten wird,
- wenn sie an einem Freitag, den 13., keine Prüfung machen müssen.

Auch Gesellschaften, die nur aus 13 Personen bestehen, sind ihnen suspekt. Daher gab es in Paris im Fin de Siècle, an der Wende vom 19. zum 20. Jahrhundert, ein einträgliches Geschäft: Als «Quatorzième» («Vierzehnter») besuchte man gegen Bezahlung als 14. Gast eine Gesellschaft, die sonst nur aus 13 Personen bestanden hätte. Es geht auch andersherum.

Als der Komponist Arnold Schönberg (1874–1951) feststellte, dass der Titel seiner Oper *Moses und Aaron* aus 13 Buchstaben bestand, strich er ein «a» und nannte sie *Moses und Aron*.

Jeder, der durch die moderne Wissenschaft aufgeklärt wurde, wird all dem entgegenhalten, dass es für einen solchen Aberglauben keine objektiven Gründe gibt: Im 13. Stockwerk passieren nicht mehr Unfälle als in anderen, in Zimmer Nr. 13 schläft man weder schlechter noch besser als in anderen, und an Freitagen, die auf einen 13. fallen, ist die Welt genauso in Ordnung wie an den anderen Tagen.

Aber irgendwie spielt die Dreizehn eine besondere Rolle. Wir fragen uns: Ist der Unglückscharakter der Dreizehn vielleicht in der Zahl 13 begründet? Bei der Beantwortung dieser Frage ist Vorsicht geboten, da durchaus nicht in allen Kulturen und nicht zu allen Zeiten Dreizehn eine Unglückszahl war.

Die Zahl 13 hat eine banal anmutende äußerliche Eigenschaft, nämlich dass sie die Zahl nach der Zwölf ist: $13 = 12 + 1$. Und genau diese triviale Eigenschaft ist der Schlüssel für die Sonderstellung der Zahl 13.

Man kann die Gleichheit der Zahlen 13 und $12 + 1$ unter zwei Gesichtspunkten lesen:

Zum einen könnte man positiv denken und sagen, die Dreizehn ist eins mehr als zwölf und übersteigt daher noch die Vollkommenheit der Zwölf. Die Zwölf wächst durch die Dreizehn über sich hinaus. Man erkennt das daran, dass ein dreizehntes Mitglied einer Gesellschaft oft besonders herausgehoben ist. Das wird ganz deutlich bei Jesus und seinen zwölf Jüngern, aber auch bei König Artus und den zwölf Rittern seiner Tafelrunde.

Die «Wilde 13», eine Gruppe von Piraten aus Michael Endes *Jim Knopf und die Wilde 13*, versucht sich an diesem Argument: «Wir waren immer zwölf. Und einer war Hauptmann. Das sind zusammen dreizehn.» Als die Prinzessin Li Si aber nachzählt, kommt sie nur auf zwölf, und damit wird aus der «Wilden 13» eine gar nicht mehr so wilde Zwölf.

Häufig wird die Gleichung aber gedacht als 12 + 1 = 13, und das wird gelesen als «Wenn man zu 12 auch nur eins hinzunimmt, wird die perfekte innere Balance der Zahl 12 zerstört». Erschwerend kommt hinzu, dass die Dreizehn als Primzahl besonders sperrig ist und keinerlei Kompromiss mit der harmonischen Zwölf erlaubt.

Deutlich wird das in dem Märchen *Dornröschen* der Brüder Grimm: Der König lädt zum Fest anlässlich der Geburt seiner Tochter nur zwölf der dreizehn weisen Frauen ein, «weil er nur zwölf goldene Teller hatte, von welchen sie essen sollten». Während des Festes platzt die dreizehnte weise Frau herein, verflucht das Kind – und das Unglück nimmt seinen Lauf.

Die Sprache bringt diese Eigenschaft der Dreizehn dadurch zum Ausdruck, dass dreizehn Objekte als ein «Teufelsdutzend» bezeichnet werden.

Als Grund für die negative Bedeutung der Zahl 13 wird oft angeführt, dass beim letzten Abendmahl dreizehn Personen anwesend waren, auch der Verräter Judas. Diese abergläubische Begründung entstand aber erst im Mittelalter. Übrigens wird die Zahl 13 in den biblischen Berichten über das letzte Abendmahl mit keinem Wort erwähnt. Tatsächlich kommt die Zahl 13 im Neuen Testament, also dem Teil der Bibel, der von Jesus handelt, nicht ein einziges Mal vor, genauer gesagt ist sie die kleinste Zahl, die im Neuen Testament nicht vorkommt.

~~~~~~~~~~~~~~~~

In manchen Sommern passiert im Osten der USA eine Katastrophe. Über Nacht sind plötzlich Millionen von Zikaden da. Für Gourmets ist das eine gute Nachricht: In Petersilie
~~~~~~~~~~~~~~~~

und Butter sautiert oder in Knoblauch geröstet, gelten sie als wahre Gaumenfreuden. Und Katzen leben für kurze Zeit im Schlaraffenland: Sie brauchen nur das Maul aufzusperren, und schon fliegt ihnen ein Leckerbissen in den Mund. Für die allermeisten Menschen sind die Zikaden aber eine unerträgliche Plage. Es sind viel zu viele – man muss sich die Wege freikehren. Sie sind zu laut – so laut wie ein Rasenmäher, aber Tag und Nacht. Und für viele Menschen sind sie einfach ekelhaft.

Nach ein paar Wochen ist der ganze Spuk vorbei. Die Zikaden haben gefressen, was das Zeug hielt, und sich vermehrt wie die Weltmeister. Die Larven haben sich in den Boden zurückgezogen. Übrig bleiben riesige Haufen toter Zikaden, derer man nur mit Besen und Kehrschaufel oder Laubsauger Herr wird.

Jetzt können die Menschen wieder aufatmen. Denn die Zikaden sind weg und kommen auch nicht so schnell wieder. Nicht im nächsten Jahr, nicht im übernächsten und auch nicht in drei Jahren. Gut, irgendwann werden sie wiederkommen. Nein, nicht irgendwann, sondern in genau 13 Jahren!

13? Warum ausgerechnet 13? Können Zikaden überhaupt auf 13 zählen? Na ja, es gibt Arten, die kommen erst nach 17 Jahren wieder, und manche erscheinen bereits nach 7 Jahren. Alles Primzahlen. Und es ist kein Zufall, dass Zikaden im Rhythmus von Primzahlen auftauchen. Denn dadurch vergrößern sie ihre Überlebenschancen enorm.

Nehmen wir einmal an, eine Zikadenart würde in einem zwölfjährigen Rhythmus auftreten. Angenommen, eine Räuberart würde auch nicht jedes Jahr auftreten, sondern nur alle paar Jahre. Sie hat sich in diesem Jahr an den Zikaden satt gefressen und möchte natürlich beim nächsten Auftreten der Zikaden wieder in diesen Genuss kommen.

Wenn die Fressfeinde jedes vierte Jahr auftreten, dann müssen sie sich in den Jahren vier und acht des Zikadenschlafes notdürftig ernähren. Aber im zwölften Jahr, wenn die Zikaden wieder da sind, sind auch sie zur Stelle und fressen die leckeren Zikaden. Aus Sicht der Zikaden ist das ganz schlecht; denn sie würden jedes Mal, wenn sie die Erde bevölkern, gefressen werden.

Nun haben Zikaden aber keinen zwölfjährigen, sondern einen dreizehnjährigen Rhythmus. Wenn die Räuber alle vier Jahre auftauchen, treffen sie sich erst nach 52 Jahren, und zumindest in den Jahren 13, 26 und 39 können sich die Zikaden unbehelligt vermehren!

Das bedeutet: Im Lauf der Evolution sind die zwölfjährigen Zikaden, falls es solche überhaupt jemals gab, längst ausgestorben, während die dreizehnjährigen bis heute massenhaft auftreten.

14

B+A+C+H

Man kann jedem Wort eine Zahl zuordnen und ihm so «objektive» Bedeutung verschaffen. Die einfachste Methode ist die folgende: Man weist jedem Buchstaben des Alphabets eine Zahl zu: A=1, B=2, C=3 und so weiter. Wenn man I und J sowie U und V zusammenpackt, erhält man folgende Tabelle:

A =1	D =4	G =7	K =10	N =13	Q =16	T =19	X =22
B =2	E =5	H =8	L =11	O =14	R =17	U,V =20	Y =23
C =3	F =6	I,J =9	M =12	P =15	S =18	W =21	Z =24

Solche Tabellen waren zu Zeiten Johann Sebastian Bachs (1685–1750) allgemein bekannt und dienten dazu, den Zahlenwert von Wörtern, zum Beispiel von Namen, zu bestimmen. Das geschieht dadurch, dass man die Zahlenwerte der einzelnen Buchstaben addiert. Aus BACH wird somit B+A+C+H=2+1+3+8=14. Andererseits hat J. S. Bach die Summe J+S+B+A+C+H=41, und 41 ist die Spiegelzahl von 14.

Man hat die Bach'sche Musik unter dem Blickwinkel des

Auftretens der Zahlen 14 und 41 betrachtet und ist fündig geworden.

Ein spektakuläres Fundstück ist Bachs letztes Werk, die *Kunst der Fuge*, die Bach nicht vollenden konnte. Die Komposition bricht an einer Stelle ab, und zwar genau da, wo die Tonfolge b-a-c-h im Bass auftritt.

Bach muss gewusst haben, dass die Buchstaben seines Namens auch Notennamen sind, aber er hat diese Wendung nie benutzt – bis zu dieser letzten Fuge. Der Zyklus endet mit einer schlichten Bearbeitung des Chorals *Vor deinen Thron tret ich hiermit*, den Bach seinem Schwiegersohn auf dem Totenbett diktiert haben soll. Wenn man die Noten zählt, erlebt man ein Wunder: Die Melodie hat genau 41 Noten, die erste Zeile 14. Und der lange Schlusston der Melodie dauert genau 14 Schläge.

Etwa seit dem 4. Jahrhundert v. Chr. entwickelten die Griechen die Idee, Zahlen auf systematische Weise durch Buchstaben darzustellen. Da die Unterscheidung in Einer, Zehner und Hunderter schon geläufig war, lag es nahe, die ersten neun Buchstaben für die Zahlen 1, 2, …, 9 zu verwenden; also Α = 1, Β = 2, Γ = 3 und so weiter. Weitere neun Buchstaben stellen die Zehnerzahlen dar: Ι = 10, Κ = 20, Λ = 30, …, 90, und schließlich braucht man noch einmal neun Buchstaben für die Hunderterzahlen: Ρ = 100, Σ = 200, Τ = 300, …, 900. Zum Beispiel ist ΣΛΑ die Zahl 231.

Da das griechische Alphabet nur 24 Buchstaben hatte, wurden drei zusätzliche Buchstaben eingeführt: Digamma für die Zahl 6, Koppa für die Zahl 90 und Sampi für die Zahl 900.

Dadurch hatte jeder Buchstabe automatisch einen Zahlenwert, und es lag nahe, auch den Wörtern Zahlen zuzuordnen. Die Zahl eines Wortes war die Summe der Zahlenwerte der einzelnen Buchstaben. Zum Beispiel wurde der Name Hektor (ΕΚΤΩΡ) mit der Zahl Ε + Κ + Τ + Ω + Ρ = 5 + 20 + 300 + 800 + 100 = 1225 identifiziert. Entsprechend dachte jeder Grieche bei dem Namen Achilles (ΑΧΙΛΛΕΥΣ) an die Zahl Α + Χ + Ι + Λ + Λ + Ε + Υ + Σ = 1 + 600 + 10 + 30 + 30 + 5 + 400 + 200 = 1276. Da 1276 größer als 1225 ist, war klar, dass Achilles im Kampf stärker als der trojanische Held Hektor sein würde.

Ähnliche «gematrische» Betrachtungen wurden im Mittelalter auch auf Basis der lateinischen Buchstaben angestellt. Zum Beispiel hat man «berechnet», dass Siegfried stärker als Hagen ist.

Auch im Hebräischen hat jeder Buchstabe und damit jedes Wort einen Zahlenwert. In der jüdischen Theologie ab dem 1. Jahrhundert n. Chr. werden Zahlenwerte von Wörtern benutzt, um geheimnisvollen Zusammenhängen auf die Spur zu kommen. Insbesondere weisen nach Überzeugung mancher Theologen gleiche Zahlenwerte auf eine innere Beziehung der entsprechenden Wörter beziehungsweise Begriffe hin.

Zum Beispiel haben die Wörter «Stärke» und «Löwe» beide den gleichen Zahlenwert 216; das muss so sein, denn der Löwe ist das Sinnbild für Stärke. Ferner gilt im Hebräischen Adam = 45 und Eva = 19. Die Differenz ist 26, und diese Zahl ist der Zahlenwert von Jahwe, dem Namen Gottes.

17

Die Gauß-Zahl

Am 18. April 1796 erschien in dem *Intelligenzblatt der allgemeinen Literaturzeitung* unter der Überschrift «Neue Entdeckungen» folgende Notiz: «Es ist jedem Anfänger der Geometrie bekannt, daß verschiedene ordentliche Vielecke, namentlich das Dreyeck, Viereck, Fünfzehneck, und die, welche durch wiederholte Verdoppelung der Seitenzahl eines derselben entstehen, sich geometrisch construieren lassen. So weit war man schon zu Euklids Zeit, und es scheint, man habe sich seitdem allgemein überredet, daß das Gebiet der Elementargeometrie sich nicht weiter erstrecke; wenigstens kenne ich keinen geglückten Versuch, ihre Grenzen auf dieser Seite zu erweitern. Desto mehr, dünkt mich, verdient die Entdeckung Aufmerksamkeit, daß außer jenen ordentlichen Vielecken noch eine Menge anderer, z. B. das Siebzehneck, einer geometrischen Construction fähig ist.» Diese klar und selbstbewusst vorgetragene Notiz stammt von «C. F. Gauß, a. Braunschweig, Stud. der Mathematik zu Göttingen».

Die Notiz hat noch einen Nachsatz, der von Prof. E. A. W. Zimmermann stammt, der als Mathematikprofessor am Collegium Carolinum in Braunschweig lehrte: «Es verdient angemerkt zu werden, daß Hr. Gauß jetzt in seinem 18ten Jahr steht und sich hier in Braunschweig mit ebenso glücklichem Erfolg der Philosophie und der classischen Litteratur als der höhern Mathematik gewidmet hat.»

In der Tat stammt diese Notiz von Carl Friedrich Gauß (1777–1855), der einer der bedeutendsten Mathematiker aller Zeiten werden sollte. Die Konstruktion des Siebzehnecks war die erste Probe seines überragenden Könnens. Denn diese Konstruktion war nach über 2000 Jahren der erste Fortschritt in dieser Sache. Der Fortschritt war beträchtlich, da Gauß noch ankündigte, dass die Konstruktion «eigentlich nur ein Corollarium einer noch nicht ganz vollendeten Theorie von größerem Umfange» sei.

Wie hat er es gemacht? Er hat nicht mit dem Zirkel und Lineal hantiert, komplizierte Linien- und Kreiskonstruktionen durchgeführt – sondern nachgedacht! In einem Brief schildert Gauß das später so: «Durch angestrengtes Nachdenken … glückte es mir bei einem Ferienaufenthalt in Braunschweig am Morgen [des 29. März 1796]… (ehe ich aus dem Bette aufgestanden war), diesen Zusammenhang auf das Klarste anzuschauen, so daß ich die spezielle Anwendung auf das 17-Eck und die numerische Bestätigung auf der Stelle machen konnte.»

~~~

Was Gauß zu Beginn seiner Notiz schreibt, ist auch heute noch richtig. In der Schule lernt man, Quadrate, gleichseitige Dreiecke und reguläre Sechsecke zu konstruieren. Ein bisschen schwieriger, aber immer noch elementar ist die Konstruktion eines regulären Fünfecks. Wenn man ein reguläres n-Eck hat, kann man daraus ein reguläres 2n-Eck machen, indem man auf dem Umkreis des n-Ecks den Kreisbogen zwischen je zwei benachbarten Ecken halbiert.

So erhält man reguläre Vielecke mit 6, 12, 24, … und 10, 20, 40, … Ecken.
~~~

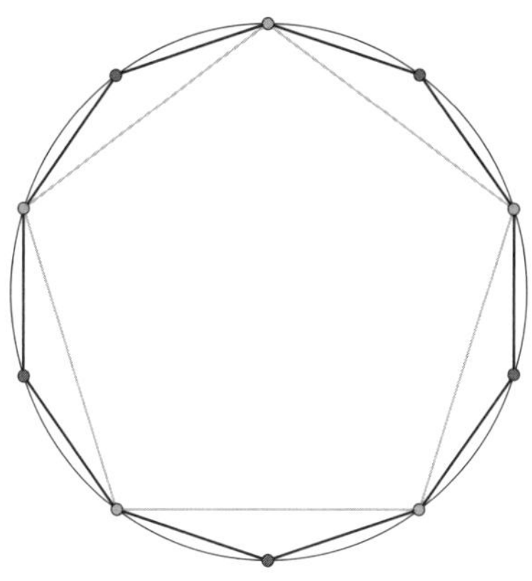

Schließlich lässt sich auf Basis eines regulären Dreiecks und eines regulären Fünfecks auch ein reguläres Fünfzehneck konstruieren. Dazu muss man allerdings um die Ecke denken. Zunächst erinnern wir uns daran, dass jedes reguläre Vieleck einen Umkreis hat, das heißt einen Kreis, auf dem alle Ecken des Vielecks liegen. Betrachtet man ein gleichseitiges Dreieck vom Mittelpunkt seines Umkreises aus, dann schließen seine Ecken jeweils einen Winkel von 120 Grad ein. Entsprechend erscheinen benachbarte Ecken eines regulären Fünfecks aus Sicht des Mittelpunkts unter einem Winkel der Größe 360/5, also 72 Grad. Somit sind Winkel von 120 Grad und 72 Grad konstruierbar. Durch Addition und Subtraktion von Winkeln lässt sich daher auch ein Winkel der Größe $2 \cdot 120 - 3 \cdot 72 = 24$ Grad konstruieren. Da $15 \cdot 24 = 360$ ist, hat der Mittelpunktswinkel eines regulären Fünfzehnecks genau 24 Grad. Das bedeutet: Man kann auf einem Kreis 15 Punkte so auftragen, dass je zwei aufeinanderfolgende Punkte – vom Mittelpunkt des Kreises aus gesehen – einen Winkel von 24 Grad bilden. Diese Punkte bilden ein reguläres Fünfzehneck.

Geht noch eines oder kann es nur diese geben? Und wenn

ja, woran liegt es? Das Sensationelle an der Entdeckung von Gauß war nicht nur die Konstruktion des regulären Siebzehnecks. Vielmehr konnte er in der *Theorie von größerem Umfange* genau die Zahlen n angeben, für die man ein reguläres n-Eck mit Zirkel und Lineal konstruieren kann.

Ein entscheidender Schritt in der Theorie von Gauß ist folgende Erkenntnis: Wir betrachten eine Primzahl p. Ein reguläres p-Eck lässt sich nur dann mit Zirkel und Lineal konstruieren, wenn $p-1$ eine Potenz von 2, das heißt das Produkt aus einer gewissen Anzahl s von Zweien ist, also $p-1=2\cdot 2\cdot \ldots \cdot 2=2^s$. Beispiele dafür sind $p=3$ $(3-1=2^1)$, $p=5$ $(5-1=2^2)$, $p=17$ $(17-1=2^4)$. Die nächsten Primzahlen dieser Form sind $p=257$ $(257-1=2^8)$ und $p=65\,537$ $(65\,537-1=2^{16})$. Man nennt Primzahlen der Form 2^s+1 «Fermatsche Primzahlen» nach Pierre de Fermat (1607–1665). Für jede solche Primzahl p kann man ein reguläres p-Eck konstruieren – aber auch für keine andere (vgl. Kap. «65 537. Die Zahl im Koffer», S. 126).

Fast schon skandalös ist es, dass man bis heute nur die gerade genannten fünf Fermatschen Primzahlen kennt und trotz größter Anstrengungen nicht weiß, ob es weitere gibt.

21

Kaninchen und Sonnenblumen

Im Jahre 1202 veröffentlichte der italienische Mathematiker Leonardo da Pisa, der unter dem Namen Fibonacci (=fi[glio] di Bonacci, Sohn des Bonacci) bekannt wurde, ein Buch mit dem Titel *Liber Abaci*. In diesem monumentalen «Rechenbuch» arbeitet Fibonacci die Bedeutung des Dezimalsystems heraus. Um dessen enorme Vorteile für das Rechnen zu beweisen, stellt Fibonacci viele Übungsaufgaben.

Eine dieser Aufgaben entfaltete eine Wirkung, die das restliche Buch vollkommen in den Schatten gestellt und den Namen Fibonacci unsterblich gemacht hat. Fibonacci hatte allerdings weder eine Vorstellung davon, welche enorme Bedeutung die Zahlen, die in dieser Aufgabe berechnet werden sollten, innerhalb und außerhalb der Mathematik erlangen würden, noch davon, dass diese Zahlen schon lange vor ihm betrachtet worden waren.

Es handelt sich um die «Kaninchenaufgabe». Sie lautet: «Ein Mann hält ein Kaninchenpaar an einem Ort, der von einer Mauer umgeben ist. Wir wollen wissen, wie viele Paare von ihnen in einem Jahr gezüchtet werden können, wenn die Natur es so eingerichtet hat, dass diese Kaninchen jeden Monat ein weiteres Paar zur Welt bringen und damit im zweiten Monat nach ihrer Geburt beginnen.»

Es ist beim besten Willen nicht zu erkennen, was diese Aufgabe zu etwas Besonderem machen sollte. Im Gegenteil, man denkt: eine typische Textaufgabe, die die Realität bis zur Unkenntlichkeit entstellt. Und nicht mal einfach zu verstehen: Es geht um Kaninchen, genauer gesagt um monogame Kaninchenpaare, die regelmäßig jeden Monat ein Kaninchen*paar* zur Welt bringen, wobei auch dieses Geschwisterpaar lebenslang monogam zusammenbleibt. Jedes Kind weiß, dass dies fiktive Regeln sind, die mit dem realen Fortpflanzungsverhalten von Kaninchen rein gar nichts zu tun haben – aber mit diesen Regeln kann man rechnen.

Wir rechnen, indem wir die Monate der Reihe nach durchgehen. Stellen wir uns vor, dass das erste Paar in der Silvesternacht geboren wird. Dann ist dieses Kaninchenpaar auch Ende Januar noch alleine. Aber schon Ende Februar bringt es ein junges Paar zur Welt; insgesamt leben Ende Februar zwei Paare.

Im März bringt das erste Paar wieder ein neues Paar zur Welt, aber das zweite Paar noch nicht; also gibt es am Ende März drei Paare. Am Ende des Aprils bringen die ersten beiden Paare jeweils ein neues Paar zur Welt, das dritte Paar hat aber noch keinen Nachwuchs. Also tummeln sich Ende April schon fünf Paare in dem ummauerten Ort.

Monat	Januar	Februar	März	April	Mai
Anzahl der Paare am Ende des Monats	1	2	3	5	8
Neugeborene Paare am Ende des Monats	0	1	2	3	5

Ganz allgemein ist es so: Am Ende eines Monats leben zum einen diejenigen Kaninchenpaare, die schon im vorigen Monat gelebt haben. Dazu kommen die neugeborenen Paare. Nun gebären genau die Paare, die im vergangenen Monat schon mindestens einen Monat alt waren, ein neues Paar. Also ist die Anzahl der neugeborenen Paare gleich der Anzahl der Paare, die schon im vorvorigen Monat gelebt haben. Damit gilt: Die Anzahl der Kaninchenpaare ist gleich der Anzahl der im vorigen Monat lebenden Paare plus der Anzahl der schon vor zwei Monaten lebenden Paare.

Mit anderen Worten: Jede «Kaninchenzahl» ist die Summe ihrer beiden Vorgängerzahlen. Daher lautet die Reihe 1, 2, 3, 5, 8, 13, 21, 34, 55, 89, 144, 233, … Mit dieser kaninchenfreien Beschreibung kann man sich die Definition der Fibonacci-Zahlen ganz leicht merken.

Der französische Mathematiker Édouard Lucas hat diese Zahlen 1877 «Fibonacci-Zahlen» genannt, ein Name, der sich durchgesetzt hat. Man bezeichnet die n-te Fibonacci-Zahl mit f_n. Damit kann man die Kaninchenvermehrungsregel wie folgt ausdrücken: $f_n + f_{n-1} = f_{n+1}$.

Es ist klar, dass Fibonaccis Kaninchenaufgabe zur Beschreibung der Nachkommen eines realen Kaninchenpaares nicht taugt. Aber in der Natur treten Fibonacci-Zahlen tatsächlich auf, und zwar explizit und unbezweifelbar und mit großer Bedeutung. Allerdings nicht bei den Tieren, sondern bei Pflanzen.

Betrachten wir dazu den Blütenstand einer reifen Sonnenblume. Dieser besteht aus einer Unmenge von Samen, die innerhalb der Blüte «irgendwie» angeordnet sind. Auf diese Anordnung kommt es an: Sie besteht nicht aus konzentrischen Kreisen, sie besteht auch nicht aus radialen Strahlen, sondern die Samen sind in «Spiralen» angeordnet, die sich von der Mitte aus nach außen drehen. Noch genauer gesagt: Es gibt Spiralen, die sich nach rechts drehen, und solche, die sich nach links drehen. Und nun kommt der Clou: Wenn man die rechtsdrehenden Spiralen und die linksdrehenden Spiralen zählt, dann erhält man zwei Zahlen – aber nicht irgendwelche Zahlen, sondern aufeinanderfolgende Fibonacci-Zahlen! Bei der Sonnenblume sind es die Zahlen 21 und 34. Immer. Bei jeder Sonnenblume.

Das Phänomen kommt in der Natur häufig vor: Die Schuppen von Kiefernzapfen sind in Spiralen angeordnet, die Schuppen einer Ananas (die ehemalige Blüten sind), die Stacheln vieler Kakteen und so weiter. Die Anzahlen der rechts- und linksdrehenden Spiralen sind immer aufeinanderfolgende Fibonacci-Zahlen. Bei den Kiefernzapfen zählt man zum Beispiel 8 und 13.

Man fragt sich: warum? Alle beschriebenen Pflanzen müssen die Aufgabe lösen, wie Wachstum unter Beibehaltung der Struktur gelingen kann. Die Blüten von Sonnenblumen sehen alle gleich aus, obwohl sie unterschiedliche Größen haben. Dazu hat es, um Fibonaccis Worte aufzugreifen, «die Natur» nun tatsächlich «so eingerichtet», dass sich jeder neu entstehende Same perfekt in das Muster einfügt. Das Fibonacci-Muster, das die Samen der Sonnenblume oder die Schuppen eines Kiefernzapfens bilden, ist eine Methode, mit der sich die Pflanzen flexibel an unterschiedliche Situationen anpassen können. Wenn eine Sonnenblume an einem guten Standort blüht, wird sie groß. Eine Sonnenblume an einem schlechteren Ort bleibt eben ein bisschen kleiner. Diese Flexibilität ist ein ausgesprochener Selektionsvorteil, denn bei starren Regeln würde eine Pflanze unter schlechten Bedingungen einfach absterben.

~~~~~~~~~~~~~~~~~~~~

Aus mathematischer Sicht sind die Fibonacci-Zahlen wahre Tausendsassas. Sie haben so unglaublich viele Eigenschaften, die bis heute erforscht werden, dass ihnen exklusiv eine Zeitschrift gewidmet ist: *The Fibonacci Quaterly*, das offizielle Organ der Fibonacci Association.

Hier sind einige Beispiele der wunderbaren Eigenschaften der Fibonacci-Zahlen:

- Bei mir zu Hause gibt es eine Treppe mit zehn Stufen. Da ich jeweils entweder eine oder zwei Stufen auf einmal nehme, habe ich viele Möglichkeiten, die oberste Stufe zu erreichen. Wie viele? (Auf die erste Stufe komme ich auf nur eine Weise, auf die zweite auf zwei Weisen. Wie komme ich auf die zehnte Stufe? Entweder von der neunten mit einem kleinen Schritt oder von der achten mit einem großen Schritt. Also handelt es sich um Fibonacci-Zahlen und die Antwort ist 89.)
- Wenn man zwei aufeinanderfolgende Fibonacci-Zahlen quadriert und die Quadrate addiert, ergibt sich wieder eine Fibonacci-Zahl. Zum Beispiel ist $3^2 + 5^2 = 34$.
- Wir stellen uns drei aufeinanderfolgende Fibonacci-Zahlen vor. Wir multiplizieren zum einen die erste Zahl mit der dritten und quadrieren zum anderen die mittlere Zahl. Dann sind diese Produkte fast gleich; sie unterscheiden sich um genau 1. Als Beispiel betrachten wir die Zahlen 8, 13, 21. Es gilt $8 \cdot 21 = 168$ und $13^2 = 169$.
~~~~~~~~~~~~~~~~~~~~

- Wenn man sechs aufeinanderfolgende Fibonacci-Zahlen addiert, ergibt sich das Vierfache einer Fibonacci-Zahl. Zum Beispiel ist $2+3+5+8+13+21=52=4 \cdot 13$.

23

Die paradoxe Geburtstagszahl

Nehmen Sie einen Würfel zur Hand und würfeln Sie ein paar Mal, sagen wir: sechs Mal. Als ich das machte, hatten die Würfe folgende Werte: 4 2 3 2 2 6. Überraschenderweise erschienen keineswegs alle Zahlen. Die Eins und die Fünf tauchten nicht auf. Dafür zeigte der Würfel immer wieder Zahlen, die bereits gefallen waren: Schon mein vierter Wurf brachte eine zweite Zwei. Und der fünfte Wurf zeigte noch einmal die Zwei.

Bei Ihnen ist das vermutlich anders. Vielleicht war Ihr erster Wurf keine Vier. Vielleicht kommt bei Ihnen nicht die Zwei mehrfach vor, sondern eine andere Zahl erscheint doppelt. Vielleicht nicht beim vierten Wurf, sondern schon vorher oder erst beim fünften oder sechsten Wurf. Es kann alles Mögliche passieren – aber bei einer Sache bin ich mir ziemlich sicher: Auch bei Ihrem Würfelexperiment zeigt sich mindestens eine Wiederholung.

Nun bin ich nicht deswegen sicher, weil ich über hellseherische Fähigkeiten verfügen würde, sondern weil dies eine Aussage der Mathematik ist. Man kann nämlich nachweisen, dass schon bei vier Würfen eine Wiederholung sehr wahrscheinlich ist.

Wir berechnen diese Wahrscheinlichkeit, indem wir – zunächst – die Möglichkeiten zählen, bei denen bei vier Würfen *keine* Wiederholung passiert: Beim ersten Wurf stehen alle 6 Möglichkeiten zur Verfügung. Beim zweiten betrachten wir nur noch 5 Möglichkeiten, denn, da alle Zahlen verschieden sein sollen, ist die Zahl des ersten Wurfes ausgeschlossen. Entsprechend bleiben beim dritten Wurf noch 4 und beim vierten Wurf noch 3 Möglichkeiten. Insgesamt gibt es also $6 \cdot 5 \cdot 4 \cdot 3$ Kombinationen ohne Wiederholung einer Zahl. Wenn man die Zahl ausrechnet, ergibt sich 360.

Insgesamt gibt es $6 \cdot 6 \cdot 6 \cdot 6 = 1296$ Kombinationen für vier Würfe mit einem Würfel. Daher ist die Wahrscheinlichkeit, dass bei vier Würfen alle Zahlen verschieden sind, gleich 360/1296. Dieser Bruch hat den Wert 0,278. Das heißt, nur in 27,8 Prozent aller Fälle sind die Ergebnisse beim viermaligen Würfeln alle verschieden. Umgekehrt bedeutet dies: Die Wahrscheinlichkeit, dass bei vier Würfen mindestens zwei Zahlen gleich sind, beträgt 72,2 Prozent. In fast drei Viertel aller Fälle tritt unter den ersten vier Würfen eine Wiederholung auf.

Natürlich kann man Glück haben und die sechs Würfe sind alle verschieden. So viel Glück hat man aber selten, nämlich nur in etwa 1,5 Prozent aller Fälle. (Das lässt sich analog zur obigen Rechnung ausrechnen.)

Wie groß muss eine Gruppe von Menschen sein, dass es sich lohnt, darauf zu wetten, dass zwei dieser Menschen am gleichen Tag Geburtstag haben? Diese Frage scheint als Erster der österreichische Mathematiker Richard von Mises (1883–1953) in den 30er Jahren des 20. Jahrhunderts gestellt zu haben. Die Frage und die Antwort machten schnell die Runde und wurden bald unter der Bezeichnung «Geburtstagsparadox» bekannt. Denn die Antwort ist auch für Mathematiker verblüffend. Sie lautet: 23.

Bei einer Gruppe von mindestens 23 Personen ist die Wahrscheinlichkeit, dass zwei Personen dieser Gruppe am gleichen Tag Geburtstag haben, schon größer als 50 Prozent. Zugegeben, nur ein bisschen größer als 50 Prozent, nämlich 50,7 Prozent. Aber die Wahrscheinlichkeit für einen doppelten Geburtstag nimmt rasant zu: Bei 30 Personen beträgt sie schon 70 Prozent, und bei 50 Personen steigt sie auf unglaubliche 97 Prozent.

– Zum Beispiel stehen bei jedem Fußballspiel 23 Menschen auf dem Spielfeld: die beiden Mannschaften mit jeweils 11 Spielern und ein Schiedsrichter. In der Hälfte der Fälle ist es so, dass zwei dieser Personen am gleichen Tag Geburtstag haben.
– Eine typische Schulklasse umfasst mehr als 23 Schülerinnen und Schüler, oft zwischen 25 und 30. Daher haben oft zwei Schülerinnen oder Schüler einer Klasse am gleichen Tag Geburtstag. Wenn man zwei Parallelklassen mit 50 Schülerinnen und Schülern zusammen betrachtet, ist man fast sicher, dass sich ein Doppelgeburtstag findet.

Das ist wahrhaft paradox: Es ist überhaupt keine Kunst, 23 Geburtstage zu nennen, die alle verschieden sind; zum Beispiel könnte man die ersten 23 Tage eines beliebigen Monats wählen. Aber sobald man eine Gruppe von Menschen betrachtet, die nicht aufgrund ihrer Geburtstage ausgewählt wurden, zeigt das Geburtstagsparadox seine Wirkung.

Nun bedeutet «paradox», dass uns das Phänomen zwar als völlig unglaubhaft erscheint, es aber dennoch wahr ist.

Wie kann man sich klarmachen, dass das Geburtstagsparadox stimmt? Im Prinzip auf die gleiche Weise wie bei den Würfeln. Man könnte sich einen gigantischen Würfel mit 365 Seiten vorstellen und mit diesem 23 Mal würfeln. Die Frage ist, mit welcher Wahrscheinlichkeit dabei eine Wiederholung auftreten würde.

In der Sprache der Geburtstage argumentieren wir so: Die

Anzahl der Kombinationen von 23 Tagen des Jahres, die alle verschieden sind, ist 365 · 364 · 363 · … (23 Faktoren), und die Anzahl aller möglichen Kombinationen von 23 Tagen ist gleich 365 · 365 · 365 · … (ebenfalls 23 Faktoren). Die Wahrscheinlichkeit dafür, dass 23 Geburtstage alle verschieden sind, kann man ausrechnen, indem man die erste Zahl 365 · 364 · 363 · … durch die zweite 365 · 365 · 365 · … dividiert. Dabei ergibt sich 0,493. Das heißt, in 49,3 Prozent der Fälle sind die Geburtstage in einer Gruppe von 23 Menschen alle verschieden – und in 50,7 Prozent der Fälle können zwei am gleichen Tag ihren Geburtstag feiern.

Der «Biorhythmus» wurde zu Beginn des 20. Jahrhunderts unabhängig voneinander von dem Berliner Arzt Wilhelm Fließ (1858–1928) und dem Wiener Psychologen Hermann Swoboda (1873–1963) erfunden. Er basiert auf der Vorstellung, dass mit der Geburt eines Menschen ein 23-tägiger periodischer «körperlicher» und ein 28 Tage dauernder» «emotionaler» Rhythmus beginnt (später kam noch ein 33-tägiger «mentaler» Rhythmus hinzu). Aus der Überlagerung dieser Rhythmen entsteht der persönliche Biorhythmus. (Nur am Rande: Weder diese periodischen Vorgänge noch die genauen Periodenlängen konnten empirisch valide verifiziert werden.)

Da Fließ ein enger Freund Sigmund Freuds war, gelangte die Kunde von den Rhythmen mit den Perioden 23 und 28 auch zum Erfinder der Psychoanalyse. Dieser war von den Zahlen 23 und 28 außerordentlich angetan, denn er stellte fest, dass man mit ihnen andere wichtige Zahlen ausdrücken kann.

Zum Beispiel hatte Freud den Eindruck, dass viele bekannte Personen mit 51 Jahren sterben; er fand eine Bestätigung seiner Beobachtung in der Tatsache, dass sich die Zahl 51 als Summe $23+28$ schreiben lässt. Außerdem war für Freud der 13. jeden Monats ein Glückstag – kein Wunder, mag er gedacht haben, denn es gilt $13=3\cdot 23-2\cdot 28$ $(=69-56)$.

Dass Freud den Zahlen 23 und 28 eine solche Bedeutung zugemessen hat, könnte auch daran liegen, dass er zwar ein brillanter Geist, aber alles andere als ein Mathematiker war. Denn zwei einfache mathematische Überlegungen hätten ihn zwangsläufig zu Enttäuschungen und damit zur Entzauberung dieser Zahlen geführt.

Die erste enttäuschende Tatsache ist, dass man mit 23 und 28 nicht nur interessante Zahlen darstellen kann, sondern *alle* Zahlen. Zum Beispiel gilt $7=6\cdot 28-7\cdot 23$ und $1=11\cdot 23-9\cdot 28$. Und wenn man die Zahl 1 darstellen kann, kann man *alle* Zahlen darstellen, denn man muss die Gleichung ja nur mit der gewünschten Zahl «durchmultiplizieren».

Eine zweite, noch tiefere Enttäuschung wäre für Freud die Tatsache gewesen, dass all diese Eigenschaften nichts mit 23 und 28 zu tun haben, sondern dass die entsprechende Tatsache immer gilt, wenn nur die beiden Zahlen den größten gemeinsamen Teiler 1 haben. Zum Beispiel kann man auch mit 5 und 7 alle natürlichen Zahlen darstellen: $6=4\cdot 5-2\cdot 7$, $8=3\cdot 5-1\cdot 7$, $12=5+7$. Ab der Zahl 24 braucht man nicht einmal mehr ein Minuszeichen: $24=2\cdot 5+2\cdot 7$, $25=5\cdot 5$, $26=1\cdot 5+3\cdot 7$, $27=4\cdot 5+1\cdot 7$, $28=4\cdot 7$ und so weiter.

Was für Freud eine Enttäuschung gewesen wäre, ist für Mathematiker eine Freude, nämlich ein neu gewonnenes Theorem.

42

Die Antwort auf alle Fragen

Vermutlich hatte der neunzehnjährige englische Student Douglas Adams keine Vorstellung davon, welche Auswirkungen ein Gedanke haben sollte, der ihm kam, als er im Jahre 1971 verzweifelt und nach dem Genuss einiger Flaschen Bier auf einem Feld in der Nähe von Innsbruck lag. Wie damals viele andere junge Menschen trampte Adams «per Anhalter» kostenlos durch Europa. Als Reiseführer hatte er den *Hitchhiker's Guide to Europe* bei sich. Dieses Buch in der Tasche und die aufgehenden Sterne über sich, kam ihm die Idee, dass jemand ein Buch schreiben sollte, wie man als Anhalter durch die Galaxie trampt, «a Hitchhiker's Guide to the Galaxy». Denn der Sternenhimmel in seinen galaktischen Dimensionen erschien ihm deutlich attraktiver als sein gegenwärtiges Leben.

Sieben Jahre später wurde der Traum wahr: Die BBC sendete sein Hörspiel unter dem Titel *The Hitchhiker's Guide to the Galaxy*, und ab 1979 erschien seine «Trilogie», die aus insgesamt fünf Büchern besteht und deren erster Band den Titel *Per Anhalter durch die Galaxis* trug.

Die Science-Fiction-Serie traf die Stimmung der Zeit und wurde zu einem Bestseller, ja zu einer wahren Kultserie aufgrund des speziellen Humors und der vielen versteckten Anspielungen.

In diesem Buch gibt es eine Geschichte, die an Faszination, Verrücktheit und Witz alle anderen Erzählstränge bei weitem übertrifft, ja inzwischen noch berühmter als das Buch selbst ist. Es ist die Antwort auf die Frage aller Fragen, nämlich die «nach dem Leben, dem Universum und dem ganzen Rest». Um die Antwort zu erhalten, rechnet ein Computer namens *Deep Thought* 7,5 Millionen Jahre lang und verkündet dann die Antwort, die mit absoluter Sicherheit korrekt sein soll. Die Antwort ist kein philosophisches Werk, kein technisches Dossier, kein religiöses Buch – sondern eine schlichte Zahl, die Zahl 42.

Wie kam Adams auf diese Zahl? Warum ausgerechnet 42? Seine Antwort ist einfach: «Das war ein Scherz. Es musste eine Zahl sein, eine normale, nicht zu große Zahl. Und ich habe diese gewählt.»

Adams wollte sozusagen eine Zahl ohne Eigenschaften benutzen, mit seinen Worten: «eine Zahl, die man ohne jede Probleme seinen Eltern vorstellen kann». Allerdings: Viele Leser konnten nicht glauben, dass 42 eine Zahl ohne Eigenschaften ist. Es musste etwas dahinterstecken, sie musste Eigenschaften haben. Man suchte – und fand zahlreiche Besonderheiten und Erscheinungsformen der Zahl 42. Zum Beispiel mathematische Eigenschaften: In der Darstellung als Binärzahl sieht 42 schön aus: 101010, und in der Darstellung zur Basis 13 ist 42 die Schnapszahl 33 ($= 3 \cdot 13 + 3$). Im zweiten Teil der Trilogie *Das Restaurant am Ende des Universums* wird die Aufgabe «9 mal 6» diskutiert – und jeder kennt die Antwort. Aber am Ende heißt es lapidar: «Neun mal sechs. Zweiundvierzig. – Das ist es. Das ist alles.» Man fragt sich, was das soll. Aber klar, im Zahlensystem zur Basis 13 ist die Antwort 42, nämlich $4 \cdot 13 + 2$.

Man entdeckte auch ganz andere Erscheinungsformen. Wenn man den Buchstaben Zahlenwerte zuordnet ($A = 1$, $B = 2, \ldots$), gehört zu D. ADAMS die Zahl $D + A + D + A + M + S = 4 + 1 + 4 + 1 + 13 + 19 = 42$.

Auch außerhalb der Mathematik kommt die Zahl 42 vor: Die berühmte Gutenberg-Bibel (1452–1454) hat auf jeder Seite genau 42 Zeilen; deswegen wird sie auch «B-42» genannt. Viele Menschen sind mit 42 Jahren gestorben, der berühmteste ist Elvis Presley. Und die Leser werden nicht müde, weitere Erscheinungsformen der Zahl 42 aufzulisten. Douglas Adams aber weist das alles von sich: «Binärzahlen, Basis 13, tibetanische Mönche: all das ist kompletter Unsinn! Ich saß am Schreibtisch, schaute in den Garten und dachte, 42 ist es. Dann schrieb ich die Zahl. Das war's.»

Wie oft muss man ein Blatt Papier falten, damit es so dick ist, dass es bis zum Mond reicht? Das ist eine Frage, die mit der Realität nichts zu tun hat, wohl aber mit der Zahl 42.

Klar ist: Bei jedem Faltvorgang halbiert sich die Größe und verdoppelt sich die Dicke des Blattes Papier; nichtsdestotrotz erscheinen uns die etwa 350 000 Kilometer bis zum Mond als viel zu viel für ein Blatt Papier, das gerade einmal ca. 0,1 Millimeter dick ist. Interessant ist aber folgende Überlegung: Vor der letzten Faltung müsste der Stapel «nur» 175 000 Kilometer hoch sein. Zugegeben, das ist komplett unrealistisch – trotzdem gilt: Hat man die erste Hälfte geschafft, bedarf es nur eines Schrittes, um zum Ziel zu kommen!

Wir betrachten die Aktion im Detail: Wenn man ein A4-Blatt entlang der kurzen Symmetrieachse faltet, erhält man ein Blatt im A5-Format, wenn man dieses faltet, ein A6-Format und so weiter. Bei jedem Faltvorgang verdoppelt sich die Anzahl der Lagen Papier. Nach dreimaligem Falten hat man also schon 8 Lagen erhalten. Da ein Blatt Papier ca. 0,1 Millimeter dick ist, sind wir nun bei einer Gesamtdicke von 1 Millimeter angekommen. Nach viermaligem Falten hat man 16 Lagen, nach fünfmaligem Falten 32, nach zehnmaligem Falten 1024 (und der Stapel wäre schon 10 Zentimeter hoch!). Nach 42-maligem Falten wären es unglaubliche $2^{42} = 4\,398\,046\,511\,104$ Lagen. Da jede 0,1 Millimeter dick ist, ist der Stapel nun 439 804 Kilometer hoch – mehr als die Entfernung zum Mond.

Also gilt: Mit 42 Mal Falten kommt man bis zum Mond!

60

Die beste Zahl

Vor über 4000 Jahren hatte ein Mensch in Mesopotamien, dem heutigen Irak, eine geniale Idee. Wir wissen nicht, wer es war und was der Anlass war, wir kennen auch nicht den genauen Zeitpunkt, aber dieser uns unbekannte Mensch hatte einen der wichtigsten Gedankenblitze der Menschheit. Ohne seine Erfindung gäbe es keine Technik und keine quantitative Wissenschaft, keine Architektur und keine Städteplanung, keine Buchführung und kein Navigationssystem.

Die Erfindung heißt «Stellenwertsystem». Das klingt langweilig, bestenfalls nüchtern und technisch. Aber es ist eine revolutionäre Art, Zahlen zu schreiben und damit Rechnen überhaupt erst möglich zu machen.

Wenn man Bauwerke plant, muss man rechnen können. Wenn ein Staat Steuern einnehmen möchte, muss man multiplizieren können. Und für Wissenschaften wie Mathematik, Astronomie und Physik ist Rechnen essenziell. Jede quantitative Wissenschaft basiert auf Zahlen und Rechnen. Dies war und ist nur mit einem Stellenwertsystem effizient möglich. Das gilt bis heute: Wir alle – Menschen und Computer – rechnen mit Hilfe eines Stellenwertsystems. Und das war die Erfindung, die vor 4000 Jahren in Mesopotamien geschah.

Das uns vertraute Dezimalsystem ist ein solches geniales Stellenwertsystem.

Beim Dezimalsystem

- ist jede Zahlendarstellung in «Stellen» eingeteilt, diese sind von rechts nach links Einer, Zehner, Hunderter, Tausender, …,
- steht an jeder Stelle eine Ziffer (im Dezimalsystem eine der Ziffern 0, …, 9),
- kann man alle Rechenvorgänge (Addition, Multiplikation, …) auf das Rechnen mit den Ziffern (also sehr kleinen Zahlen!) der entsprechenden Zahlen zurückführen.

So etwas hat der unbekannte Mensch aus Mesopotamien auch erfunden, allerdings war seine Erfindung nicht das Zehnersystem, sondern ein System zur Basis 60. Die Ziffern in diesem «Sexagesimalsystem» sind entsprechend die Zahlen 1, 2, …, 59. Diese Ziffern wurden in Keilschrift geschrieben; jede Ziffer war eine Kombination aus senkrechten Strichen (eigentlich schmalen Keilen), die den Wert 1 hatten, und waagerechten breiten Keilen mit dem Wert 10. So stellte zum Beispiel die Kombination <<|||| die Ziffer 24 dar.

Die Ziffern wurden dann in Stellen angeordnet. Ganz rechts war die Einerstelle, links davor, dort, wo im Dezimalsystem die Zehnerstelle ist, war die 60er-Stelle und eine Stelle weiter links die Stelle mit dem Wert 3600. Das heißt, die babylonische Zahl <|| <<< <|||||| bedeutet in unserer indisch-arabischen Zahlenschrift $12 \cdot 3600 + 30 \cdot 60 + 16 = 44\,016$. Das ist die Anzahl der Sekunden in 12 Stunden, 30 Minuten und 16 Sekunden.

Warum aber 60? Warum haben die Babylonier mit einem System zur Basis 60 gerechnet und nicht die Basis 10 (oder 12 oder 20) gewählt?

Darauf gibt es mindestens zwei Antworten, eine äußerliche und eine mathematische.

Die erste Antwort lautet: 60 ist eine Zahl, die in gewisser Weise «natürlich vorkommt». Das Jahr hat 360 Tage. Das stimmt natürlich nicht genau, aber zu allen Zeiten gab es die Idee, die merkwürdige Zahl von 365,24 Tagen, die verführerisch nahe bei der schönen Zahl 360 liegt, möglichst gleichmäßig aufzuteilen, am besten in 12 Monate zu jeweils exakt 30 Tagen.

Genauso machten es die Babylonier damals auch. Für diesen Eingriff in die Natur mussten sie natürlich bezahlen, und zwar damit, dass sie alle paar Jahre einen Schaltmonat einschoben.

Die zweite Antwort lautet: Die Zahl 60 ist eine unglaublich nützliche Zahl beim Rechnen. Der Grund liegt darin, dass man 60 durch viele Zahlen ohne Rest teilen kann: nämlich durch 2, 3, 4, 5, 6, 10, 12, 15, 20 und durch 30. Man kann 60 Objekte ohne Rest in 2er-Häufchen, in 3er-Häufchen, in 4er-, 5er-, 6er-, 10er-, 12er-, 15er-, 20er- und 30er-Häufchen aufteilen. Wenn man die 1 und die Zahl 60 dazu zählt, hat 60 genau 12 Teiler, so viele wie keine Zahl vor ihr.

Dieser Teilerreichtum war den Babyloniern wichtig. Denn dieser ermöglichte es ihnen, die schwierige Bruchrechnung zu einem großen Teil zu umgehen.

Um das zu verstehen, fragen wir uns zunächst, welche Brüche als Dezimalbrüche besonders einfach sind. Das sind die Brüche 1/2 und 1/5, die in unserem Dezimalsystem als 0,5 und 0,2 besonders einfach aussehen. Das liegt daran, dass die Nenner der Brüche 1/2 und 1/5 Teiler der Zahl 10 sind.

Genauso ist es im 60er-System: Für jeden Teiler der Zahl 60 hat die entsprechende «Kommazahl» nur eine Stelle nach dem Komma. Wie lautet der Bruch 1/12 im Sexagesimalsystem? Die erste Stelle nach dem Komma gibt im Dezimalsystem die Anzahl der Zehntel, im Sexagesimalsystem die Anzahl der 60tel an. Nun ist 1/12 gleich 5/60. Also ist 1/12 im Sexagesimalsystem die Zahl, die nach dem Komma ||||| lautet. Umgekehrt: Die Sexagesimalzahl, bei der an der ersten Stelle nach dem Komma die Ziffer << steht, ist gleich 20/60, also gleich 1/3.

Mit anderen Worten: Die Babylonier konnten praktisch alle Brüche, die im täglichen Leben auftraten, so schreiben, dass sie als Sexagesimalzahl nur eine Stelle hinter dem Komma hatten – und damit ließ sich natürlich leicht rechnen.

Die Babylonier benutzten allerdings kein Komma, so dass eine Darstellung wie || <|| entweder die Zahl $2 \cdot 60 + 12 = 132$ oder die Zahl $2 + 12/60$, die im Dezimalsystem 2,2 ist, bedeuten konnte. Was jeweils galt, musste man dem Kontext entnehmen.

Viele Zehnerzahlen wie 50, 80, 100 haben für uns eine besondere Bedeutung. Wir feiern die entsprechenden Jubiläen. Die «Null am Ende» ist aber nur den Zufälligkeiten des Dezimalsystems geschuldet. Warum soll 80 besser sein als 81?

Für die Zahl 60 gilt das aber nicht. Ihre Bedeutung ist unabhängig vom Dezimalsystem, ja unabhängig von jedem Zahlensystem. Das liegt am Auftreten der Zahl 60 in der Geometrie. Kurz gesagt: Die Zahl 60 ist nicht nur schön, weil sie eine Zehnerzahl ist, sondern 60 ist wichtig, ganz unabhängig davon, wie man diese Zahl schreibt.

Die Bedeutung der Zahl 60 sehen wir insbesondere an dem sogenannten Dodekaeder. Dieser Körper hat schon die antiken griechischen Mathematiker fasziniert. Das Dodekaeder gehört zu den «platonischen» (oder auch «regulären») Körpern (vgl. Kap. «12. Das Ganze ist mehr als die Summe seiner Teile», S. 70).

Die Regularität dieser Körper zeigt sich in zwei Aspekten:

Zum einen ist jede Seitenfläche ein reguläres n-Eck; beim

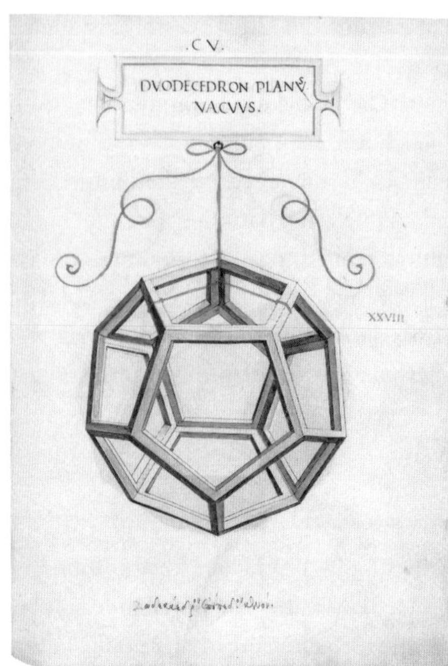

Zeichnung eines Dodekaeders von Leonardo da Vinci für das Buch «De divina proportione» von Luca Pacioli, 1509.

Dodekaeder sind die Seitenflächen reguläre Fünfecke. Das Dodekaeder besteht aus zwölf Fünfecken. Daraus leitet sich auch der Name «Dodekaeder» ab (griech. *dodeka,* zwölf).

Zum anderen sehen alle Ecken eines regulären Körpers gleich aus. An jeder Ecke kommen gleich viele Flächen und damit auch gleich viele Kanten zusammen. Beim Dodekaeder sind das an jeder Ecke genau drei Kanten.

Daraus lässt sich übrigens auch die Anzahl der Ecken des Dodekaeders rechnerisch bestimmen: Jedes der 12 Fünfecke hat 5 Ecken; also zählen wir $12 \cdot 5$. Wir zählen dabei aber jede Ecke dreifach, nämlich von jedem Fünfeck aus, in dem diese Ecke vorkommt. Also hat das Dodekaeder insgesamt genau $12 \cdot 5/3 = 20$ Ecken.

Einer der ersten Sätze der Mathematik war die Erkenntnis,

dass es nur fünf reguläre Körper gibt. Einer davon ist das Dodekaeder, das immer eine herausgehobene Rolle spielte und schon früh mit dem gesamten Universum identifiziert wurde.

Am Dodekaeder zeigt sich die Zahl 60 in besonderer Weise. Dazu betrachten wir die wunderbare Zeichnung eines Dodekaeders, die Leonardo da Vinci (1452–1519) für das Buch *De divina proportione* (1509) seines Mathematikerfreundes Luca Pacioli angefertigt hat.

Wir erkennen, dass der Körper an einem Faden hängt, der an der obersten Ecke des Dodekaeders befestigt ist. Leonardo hätte den Körper aber an jeder beliebigen Ecke aufhängen können und immer das gleiche Bild erhalten. Da das Dodekaeder 20 Ecken hat, gibt es auf jeden Fall 20 Bewegungen (Drehungen), die den Körper in sich überführen.

Aber das ist noch nicht alles. Wenn das Dodekaeder hängt, kann es sich immer noch um die senkrechte Achse drehen. In der Zeichnung Leonardos zeigt an der obersten Ecke eine Kante nach hinten. Aber jede der drei Kanten der obersten Ecke könnte nach hinten zeigen. Somit gibt es für jede der 20 Drehungen, die eine Ecke in die oberste Ecke überführen, noch 3 Stellungen des Dodekaeders, die ununterscheidbar sind. Somit gibt es insgesamt genau $20 \cdot 3 = 60$ Bewegungen, die das Dodekaeder in sich überführen.

Ich finde, das ist ein spektakuläres und unerwartetes Auftreten der Zahl 60.

Das Dodekaeder ist aber keineswegs ein exotischer Einzelfall, vielmehr liegt es sehr vielen anderen Körpern und Strukturen zugrunde, so dass seine 60 Bewegungen ein durchgängiges Thema der Geometrie darstellen.

153

Die Zahl der Fische

Diese scheinbar harmlose Zahl taucht an einer wichtigen Stelle der Bibel unübersehbar auf. Als die Jünger am See Genezareth dem auferstandenen Jesus begegnen, ereignet sich ein Wunder: Die Jünger hatten versucht, auf dem See Fische zu fangen – ohne Erfolg. Da schickte sie Jesus noch einmal hinaus. Als der Jünger Simon Petrus dann das Netz an Land zog, war das Erstaunen groß, denn «es war mit hundertdreiundfünfzig großen Fischen gefüllt, und obwohl es so viele waren, zerriss das Netz nicht» (siehe Joh. 21,11).

Natürlich haben sich Theologen darüber den Kopf zerbrochen, warum das Netz mit genau 153 Fischen gefüllt war, und ganz unterschiedliche Lösungsvorschläge unterbreitet. Denn die «einfachste» Erklärung, dass die Jünger gar nicht genau 153 Fische gezählt haben, dass sie vielleicht überhaupt nicht gezählt haben, sondern von der unerwarteten Fülle der Fische überrascht waren und sich der Verfasser nur irgendeine große Zahl ausgedacht hat – diese Lösung zu akzeptieren fällt schwer.

Der Kirchenvater Hieronymus (347–420) erwähnt zum Beispiel, dass es nach Meinung antiker griechischer Zoologen genau 153 Fischarten gebe, so dass die Zahl 153 als ein Symbol für eine nicht zu überbietende Fülle angesehen werden kann.

Was dem Schreiber des Johannesevangeliums vermutlich

nicht bewusst war, sind die spektakulären mathematischen Eigenschaften der Zahl 153.

So ist 153 die «17. Dreieckszahl». Das bedeutet: Wenn man ein großes Dreieck aus Steinchen legt, und zwar so, dass die unterste Reihe aus 17 Steinchen, die zweitunterste aus 16 Steinchen und so weiter besteht, dann ist die Gesamtzahl der benutzten Steinchen die 17. Dreieckszahl. Diese ist gleich $17 + 16 + \ldots + 2 + 1$, und diese Summe ist gleich 153.

Das war übrigens für den Kirchenvater Augustinus (354–430) ein Hinweis auf die Besonderheit der 153 Fische. Denn die Zahl 17 setzt sich aus 7 (die sieben Gaben des Heiligen Geistes) und 10 (die Zehn Gebote) zusammen, so dass diese Zahlen in 153, der 17. Dreieckszahl, unauflösbar miteinander vereinigt sind.

Ähnlich wie man für Dreieckszahlen die ersten natürlichen Zahlen addiert, kann man auch die ersten Fakultäten addieren. Eine Fakultät ist das Produkt der ersten natürlichen Zahlen. So ist zum Beispiel 5! («5 Fakultät») gleich $5 \cdot 4 \cdot 3 \cdot 2 \cdot 1 = 120$.

Berechnet man die Summe der ersten fünf Fakultäten, erhält man $1! + 2! + 3! + 4! + 5! = 1 + 2 + 6 + 24 + 120$, und das ergibt 153.

Noch verrückter ist die dritte mathematische Eigenschaft.

Dazu betrachten wir die Ziffern der Zahl 153, also 1 und 5 und 3. Von jeder Ziffer bilden wir die dritte Potenz: $1^3 = 1$, $5^3 = 5 \cdot 5 \cdot 5 = 125$ und $3^3 = 3 \cdot 3 \cdot 3 = 27$. Schließlich zählen wir diese dritten Potenzen zusammen und erhalten, o Wunder, $1 + 125 + 27 = 153$.

Wem das an Verrücktheit noch nicht reicht, der kann Folgendes probieren: Man nehme irgendeine durch 3 teilbare Zahl, berechne die dritten Potenzen ihrer Ziffern und addiere diese. Wenn man das Verfahren auf die Zahl 48 anwendet, erhält man $4^3 + 8^3 = 64 + 512 = 576$. Dabei ergibt sich immer eine Zahl, die auch durch 3 teilbar ist. Auf diese Zahl wenden wir das Verfahren wieder an, dann auf das Ergebnis und so weiter. Schauen Sie, was passiert:

$$5^3 + 7^3 + 6^3 = 125 + 343 + 216 = 684$$

$$6^3 + 8^3 + 4^3 = 216 + 512 + 64 = 792$$

$$7^3 + 9^3 + 2^3 = 343 + 729 + 8 = 1080$$

$$1^3 + 0^3 + 8^3 + 0^3 = 1 + 0 + 512 + 0 = 513$$

$$5^3 + 1^3 + 3^3 = 125 + 1 + 27 = 153.$$

Man stößt unweigerlich wieder auf die Zahl 153 – und bleibt dann natürlich bei dieser hängen. Das ist wirklich immer so. Garantiert!

666

Die Zahl des Tieres

Die Zahl 666 erhält ihre Wirkung aufgrund einer Stelle des letzten Teils der Bibel, der Apokalypse des Johannes. Dort liest man im 13. Kapitel: «Hier ist Weisheit! Wer Verstand hat, der bestimme die Zahl des Tieres; denn es ist die Zahl eines Menschen, und seine Zahl ist sechshundertsechsundsechzig.»

Der rhetorische Gestus dieser Sätze ist der der Überzeugung. Der Verfasser der Apokalypse ist von seiner Botschaft vollkommen durchdrungen und davon überzeugt, dass auch der Hörer oder Leser ohne weiteres von der Botschaft erfasst wird.

Wenn man allerdings nüchtern fragt, was die Botschaft des Satzes eigentlich ist, dann beginnen die Schwierigkeiten. Der Sinn liegt im Dunkeln. Was soll die «Zahl des Tieres» sein? Und warum ist sie gleich der Zahl eines Menschen? Und warum soll diese Zahl 666 sein? Fragen über Fragen, die unbeantwortet bleiben, die aber die bedrohliche, dunkle Botschaft der Sätze maßgeblich ausmachen.

In gängigen Auslegungen wird «das Tier» als der Antichrist gedeutet, also der Gegenspieler von Jesus Christus, der dessen Macht in Frage stellt.

Die «Zahl eines Menschen» wird in der Regel als die Zahl seines Namens gedeutet, die auf folgende Weise berechnet wird: Im Griechischen und im Hebräischen werden Zahlen durch Buchstaben dargestellt. Das heißt, jeder Buchstabe hat ganz automatisch einen Zahlenwert und die Buchstaben eines Wortes addieren sich zur Zahl des Wortes.

Im Griechischen stellten die ersten neun Buchstaben die Einer dar: A (alpha) = 1, B (beta) = 2, Γ (gamma) = 3, Δ (delta) = 4, ... Darauf folgten die Zehner: I (iota) = 10, K (kappa) = 20, Λ (lambda) = 30, M (my) = 40, ..., und die letzten Buchstaben repräsentierten die Hunderter: P (rho) = 100, Σ (sigma) = 200, T (tau) = 300, ... Da man für die Einer, Zehner, Hunderter jeweils neun Zeichen brauchte, das griechische Alphabet aber nur 24 Buchstaben umfasste, musste man für drei Zahlen (und zwar für 6, 90 und 900) Sonderzeichen verwenden.

Die «Zahl des Menschen» ist somit die Zahl des Namens des Menschen, also die Summe der Buchstaben seines Namens. Da uns Johannes in der Offenbarung nicht verrät, welcher Mensch gemeint ist, haben sich viele Forscher die Aufgabe gestellt, die Zahl 666 zu entschlüsseln, das heißt, einen Namen zu finden, dessen Zahl 666 ist. Der Text der Offenbarung wird dann so interpretiert, dass dies der Antichrist sein müsse.

Schon früh wurden mögliche Namen diskutiert, deren Zahl 666 ist, wie Euanthes, Lateinos und Teitan. Zum Beispiel ist die Zahl von Teitan gemäß der griechischen Zuordnung von Zahlen und Buchstaben gleich T + E + I + T + A + N = 300 + 5 + 10 + 300 + 1 + 50 = 666.

Im Spätmittelalter wurden einzelne Päpste und das Papsttum als solches mit dem Antichrist in Verbindung gebracht. Dies galt insbesondere für Papst Benedikt XI.: B + E + N + E + Δ + I + K + T + O + Σ = 2 + 5 + 50 + 5 + 4 + 10 + 20 + 300 + 70 + 200 = 666. Später wurde auch die Lösung «Kaiser Nero» diskutiert, denn zweifellos ist Nero ein Kandidat für den Antichrist, da unter seiner Herrschaft die erste Christenverfolgung stattfand. In jüngerer Zeit wurde auch Kaiser Trajan mit dem Tier in Verbindung gebracht.

In jedem Fall fühlen sich nach wie vor viele Menschen herausgefordert, eine Lösung für das Rätsel 666 zu suchen.

Manche heutigen Numerologen ordnen dem Alphabet fortlaufende Zahlen zu, indem sie bei A mit irgendeiner Zahl beginnen. So erhalten sie Zahlenalphabete wie etwa $A=100$, $B=101$, $C=102$, … Dieses Alphabet scheint besonders interessant, da damit Hitler zu $H+I+T+L+E+R=107+108+119+111+104+117=666$ wird. Allerdings gilt bei diesem Alphabet auch $H+U+M+B+U+G=107+120+112+101+120+106=666$.

Wenn man sich ausreichend Freiheiten in der Zuordnung von Zahlen zu Buchstaben nimmt, kann man fast jedes Wort zu 666 machen.

~~~~~~~~~~~~~~~~~~~~

Erstaunlicherweise hat die Zahl 666 auch interessante innermathematische Eigenschaften. Sie ist eine schöne Summe von einfachen Zahlen, von Quadratzahlen und von Kubikzahlen.

Zunächst ist 666 die Summe der ersten 36 natürlichen Zahlen: $1+2+\ldots+36=666$. Mit anderen Worten: 666 ist die 36. Dreieckszahl.

Weiter ist 666 die Summe der Quadrate der ersten sieben Primzahlen: $2^2+3^2+5^2+7^2+11^2+13^2+17^2=4+9+25+49+121+169+289=666$.

Schließlich hat 666 ein enges Verhältnis zu der Summe der ersten sechs Kubikzahlen (das heißt der dritten Potenzen): $1^3+2^3+3^3+4^3+5^3+6^3+5^3+4^3+3^3+2^3+1^3=1+8+27+64+125+216+125+64+27+8+1=666$.
~~~~~~~~~~~~~~~~~~~~

Und noch etwas: Wenn man jedes römische Zahlzeichen unter 1000 genau einmal verwendet, erhält man die Zahl DCLXVI, und diese ist nichts anderes als 666.

1001

Die Cliffhanger-Zahl

Tausendundeins ist tausend plus eins. Eins mehr als tausend. Eins mehr als die schon unvorstellbar große Zahl 1000. Eine Zahl, die das Tor zur Unendlichkeit aufstößt.

Ihre legendäre Berühmtheit hat diese Zahl von den Geschichten aus *Tausendundeiner Nacht*. Die ganze Geschichte spielt auf einer Insel «zwischen Indien und Kaiserreich China». Sie beginnt brutal und grausam, hat aber ein glückliches Ende.

Der König Schahriyar wird von seiner Ehefrau so unverschämt betrogen, dass er zutiefst verletzt ist. Diese narzisstische Kränkung hat zur Folge, dass er nicht nur seine Frau hinrichten lässt, sondern beschließt, alle Frauen zu bestrafen. Denn er glaubt, dass es auf der ganzen Welt keine einzige anständige Frau gebe.

Sein perfider Plan ist, jede Nacht eine junge Frau zu sich zu nehmen und sie am darauffolgenden Morgen hinrichten zu lassen. Nachdem im Volk schon viele junge Frauen Opfer seiner grausamen Rache geworden sind, meldet sich die kluge Schahrasad (Scheherazade) freiwillig für die Hochzeit mit dem rachsüchtigen Herrscher.

Sie ist die wahre Heldin der Geschichte. Denn sie hat eine Idee, die Wunder wirkt. In der Hochzeitsnacht – die eigentlich ihre letzte Nacht sein sollte – beginnt sie, eine Geschichte zu erzählen. Und diese Geschichte ist schön und köstlich – und erreicht den Höhepunkt der Spannung («Er zog sein Schwert, um zuzuschlagen …») genau in dem Moment des Morgengrauens. Da sagte sich der König: «Ich werde sie nicht töten, bis ich die Geschichte zu Ende gehört habe», und verschob die Hinrichtung – ausnahmsweise – auf die nächste Nacht.

In der zweiten Nacht nahm Schahrasad den Faden der Geschichte auf und erzählte von aufregenden und spannenden Abenteuern, von fernen Ländern und fremden Menschen. Das war noch spannender und noch aufregender als in der ersten Nacht, aber genau an der spannendsten Stelle erschien das Morgenrot. Und wieder «hing das Herz des Königs daran», die Fortsetzung zu hören, und er setzte die Hinrichtung abermals aus.

Auch in der folgenden Nacht erzählte Schahrasad die Geschichte weiter und steuerte zu Beginn der Morgenröte wieder auf einen Cliffhanger zu. Und der König konnte nicht anders, als die Hinrichtung abermals zu vertagen, da er die Geschichte vorher zu Ende hören wollte.

Auf diese Weise zieht Schahrasad den König Nacht für Nacht in den Bann ihrer Geschichten und hält ihn tausend Nächte lang hin.

In der tausendundersten Nacht erzählte sie eine Geschichte von einem grausamen Herrscher, in der sich der König wiedererkennen musste. Als er alles gehört hatte, «sammelte er sich, bedachte seine Lage, läuterte sein Herz, beruhigte seinen Unmut und kehrte um zu Gott». Er bereute öffentlich seine Taten und verkündete, dass er Schahrasad zur Frau nehmen werde. Und sie feierten eine prächtige Hochzeit, wie sie schöner nicht erträumt werden kann.

In der tausendundersten Nacht öffnet sich tatsächlich das Tor zur Zukunft; das Zählen und Bangen von einer Nacht zur anderen hat ein Ende und eine glückliche Zukunft liegt vor den beiden und dem ganzen Volk.

~~~~~~~~~~~~~~~~~~~~

Auch aus mathematischer Sicht ist 1001 eine Zahl, die weit weg von allem kleinlichen Zählen zu sein scheint. Viele Menschen halten sie für eine Primzahl, weil sie weder durch 2 noch durch 3 noch durch 5 teilbar ist. Aber das ist falsch. Sie denkt gar nicht daran, eine Primzahl zu sein, 1001 ist das Produkt aus 7, 11 und 13. Insbesondere ist 1001 durch 11 teilbar.

Das macht sie zu einem wichtigen Werkzeug, mit dem man für viele Zahlen nachweisen kann, dass sie durch 11 teilbar sind. Dafür zwei Beispiele:

– Jede Spiegelzahl, wie etwa 9779, ist durch 11 teilbar (vgl. Kap. «11. Die Zahl, die im Verborgenen wirkt», S. 65). Warum? Wir schreiben

$$9779 = 9009 + 770 = 9 \cdot 1001 + 770.$$

Da die beiden Summanden durch 11 teilbar sind, gilt dies auch für die gesamte Zahl 9779.

– Jede sechsstellige Wiederholungszahl, wie etwa 789 789, ist durch 11 teilbar. Um das zu sehen, schreiben wir

$$789\,789 = 700\,700 + 80\,080 + 9009 =$$
$$700 \cdot 1001 + 80 \cdot 1001 + 9 \cdot 1001.$$

Da jeder der drei Summanden ein Vielfaches von 11 ist, ist auch die gesamte Summe durch 11 teilbar. Übrigens ist eine jede solche Zahl auch durch 7 und 13 teilbar, da sie ja durch 1001 teilbar ist.

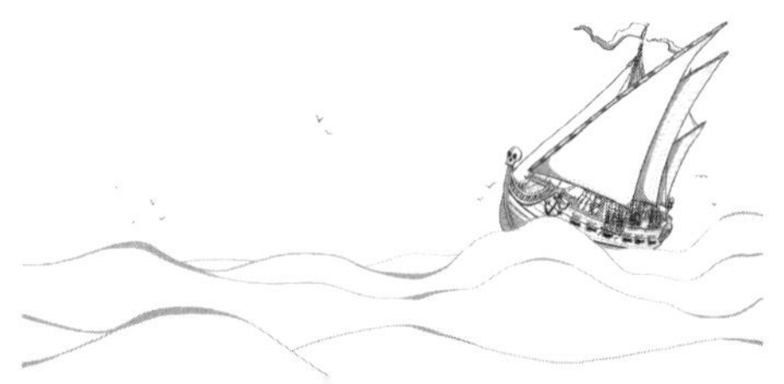
~~~~~~~~~~~~~~~~~~~~

1679

Eine Zahl für Extraterrestrische

Am 16. November 1974 wurde vom Arecibo-Observatorium in Puerto Rico eine Botschaft von genau 1679 Bit Länge ins All geschickt, und zwar in Richtung des Kugelsternhaufens M13, der rund 25 000 Lichtjahre von der Erde entfernt ist.

Die Hoffnung war, dass diese Zeichen von extraterrestrischer Intelligenz empfangen und entschlüsselt würden und die Außerirdischen daraufhin Kontakt mit der Erde aufnehmen könnten.

Wir versuchen uns vorzustellen, über welche Fähigkeiten ein extraterrestrisches Wesen verfügen müsste, um die Arecibo-Nachricht zu entschlüsseln.

Zunächst muss dieses Wesen Glück haben. Es muss nämlich die Nachricht vollständig empfangen, alle 1679 Bits. Auch nur ein Bit zu wenig und die Botschaft bleibt für immer verborgen. Dann muss es auf die Idee kommen, dass die Länge der Nachricht, das heißt die Anzahl der Bits, entscheidend ist. Es würde also die Bits zählen und käme auf die Zahl 1679.

Als Nächstes braucht das extraterrestrische Wesen mathematische Kompetenz oder zumindest ein gutes Gespür für Zahlen. Es muss nämlich auf die Idee kommen, die Zahl 1679 in Primfaktoren zu zerlegen. Das ist nicht ganz einfach, aber, wenn man lange genug probiert, findet man heraus, dass 1679 das Produkt der Primzahlen 23 und 73 ist.

Im nächsten Schritt ist eine geometrische Interpretation

dieser Erkenntnis notwendig. So wie aus der Gleichung $15 = 5 \cdot 3$ folgt, dass man 15 Objekte in ein 5×3-Rechteck legen kann, so ergibt sich aus der Zerlegung $1679 = 73 \cdot 23$, dass sich die 1679 Bits der Arecibo-Nachricht als Rechteck mit 73 Zeilen und 23 Spalten anordnen lassen.

Wenn das extraterrestrische Wesen nun noch die Idee der Pixel aktiviert und jedes Bit mit dem Wert 1 als schwarzes Pixel und jedes Bit mit dem Wert 0 als weißes Pixel interpretiert, dann liegt die gesamte Arecibo-Botschaft offen vor ihm.

Jedenfalls im Prinzip. Denn alles ist – natürlich – in der primitiven Pixelgrafik der damaligen Zeit dargestellt. Und die eigentliche Botschaft herauszulesen ist immer noch ein herausfordernder Intelligenztest.

Die Informationen, die in den 1679 Bits codiert sind, sind die, von denen man damals glaubte, dass sie die Extraterrestrischen unbedingt wissen müssen.

Das Ganze ist systematisch aufgebaut und muss von oben nach unten gelesen werden. In den ersten vier Zeilen lernt unser extraterrestrisches Wesen die Zahlen 1, …, 10 kennen, und zwar in binärer Form. In Bitschreibweise sehen die ersten vier Zeilen so aus:

0	0	0	0	0	0	1	0	1	0	1	0	1	0	0	0	0	0	0	0	0	0	0
0	0	1	0	1	0	0	0	0	0	1	0	1	0	0	0	0	0	0	0	1	0	0
1	0	0	0	1	0	0	0	1	0	0	0	1	0	0	1	0	1	1	0	0	1	0
1	0	1	0	1	0	1	0	1	0	1	0	1	0	1	0	0	1	0	0	1	0	0

Wenn die Pixel gefärbt sind, wird das Bild ein wenig deutlicher:

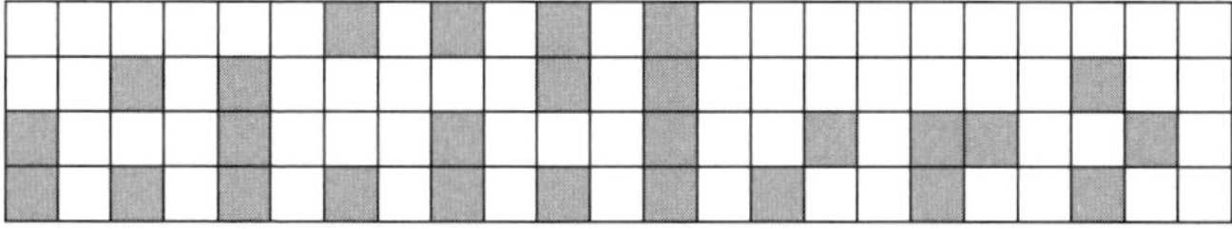

Das extraterrestrische Wesen sollte sich zunächst die oberen drei Zeilen anschauen. In der ersten Spalte steht – von oben nach unten gelesen – 001, also die Zahl 1. Dann kommt eine Trennspalte, dann die Binärzahl 010, also die Zahl 2. Nach einer weiteren Trennspalte lesen wir 011, das ist die Zahl 3. So geht das bis 111, der Zahl 7. Das Bit für die nächste Ziffer müsste eigentlich darüber stehen, es wird aber aus Gründen der Platzersparnis in die dritte Zeile geschrieben, allerdings um eine Stelle nach rechts versetzt. In binärer Schreibweise ist diese Zahl also 1000, und das ist die Zahl 8. Es folgen noch 1001 (=9) und 1010 (=10).

Jetzt kann das extraterrestrische Wesen auch die Kästchen in der vierten Zeile verstehen: Diese zeigen an, wo sich die Binärziffern mit der niedrigsten Wertigkeit befinden.

Nachdem das extraterrestrische Wesen die Zahlen 1, …, 10 gelernt hat, erhält es mit Hilfe dieser Zahlen weitere Informationen, nämlich die Zahlenfolge 1 6 7 8 15. Dies sind die Ordnungszahlen der chemischen Elemente Wasserstoff (H), Kohlenstoff (C), Stickstoff (N), Sauerstoff (O) und Phosphor (P), die Elemente, aus denen die DNS aufgebaut ist.

Damit können die Außerirdischen nun lernen, wie die größeren Bausteine der DNS, etwa Adenin, Cytosin, Guanin, Thymin, aussehen. Das extraterrestrische Wesen liest zum Beispiel die Zahlenfolge 45500. Dann denkt es sich, dass die erste Stelle H entspricht, die zweite C, die dritte N und so weiter. Die jeweiligen Zahlen (also 4, 5, 5, 0, 0) geben an, wie viele der jeweiligen Atome in einem Molekül enthalten sind. Das heißt, die Zahlenfolge 45500 wird decodiert zu «4 Wasserstoffatome, 5 Kohlenstoffatome, 5 Stickstoffatome, 0 Sauerstoff- und 0 Phosphoratome». In unserer chemischen Kurzschrift ist das $C_5H_4N_5$, die Formel für Adenin.

Im weiteren Verlauf können die Außerirdischen eine grobe

Skizze eines (geschlechtslosen) Menschen mit 9 × 10 Pixeln erkennen, wobei nur ein Pixel für das Gehirn vorgesehen wurde. Außerdem erfahren sie die ungefähre Zahl der damaligen Weltbevölkerung; diese wird in binärer Form dargestellt: 11111111110111111011111111110110; das ist die Zahl 4 292 853 750.

Schließlich folgen Angaben über das Sonnensystem und zuletzt über das Arecibo-Observatorium, das die Nachricht gesendet hat.

Wir sehen, ein Extraterrestrischer braucht ziemlich viel Intelligenz, um die Arecibo-Nachricht zu dechiffrieren.

~~~

Die Arecibo-Nachricht geht von der nicht unplausiblen Vermutung aus, dass man mit Außerirdischen – falls es solche geben sollte – am besten mittels der Mathematik Kontakt aufnehmen kann. Denn unsere kulturellen, politischen und gesellschaftlichen Themen sind den Extraterrestrischen vermutlich nicht nur unbekannt, sondern auch herzlich egal.

Wir wissen allerdings überhaupt nicht, ob irgendwelche intelligenten Außerirdischen eine Intelligenz haben, die unserer ähnlich ist. Wir wissen nicht, ob sie in Rechtecken denken oder ganz andere Formen nutzen, ob sie in Bits und Pixeln denken, also in wohlunterschiedenen Zuständen, oder ob für sie alles im Fluss ist. Und wir wissen nicht, ob sie eine Zahlenvorstellung haben, die unserer ähnlich ist; insbesondere wissen wir nicht, ob sie Primzahlen kennen.

Dennoch bin ich überzeugt: Das Einzige, was Außerirdische von den kulturellen Errungenschaften der Menschheit möglicherweise verstehen können, ist Mathematik.

~~~

1729

Die Ramanujan-Zahl

Diese Geschichte handelt von einem der genialsten Mathematiker aller Zeiten. Seine Art, Mathematik zu machen, war und ist vollkommen ungewöhnlich und stand konträr zu der gesamten damaligen Mathematik. Die Rede ist von dem indischen Mathematiker Srinivasa Ramanujan (1887–1920). Er wuchs in Südindien als Spross einer armen Brahmanenfamilie auf und erhielt eine Ausbildung an einer lokalen Universität, die aber eher eine Verwaltungsschule war.

Irgendwann fiel ihm ein Mathematikbuch in die Hände. Dieses Buch sollte seinem Leben Sinn und Richtung geben. Es war kein Lehrbuch, sondern eine Formelsammlung. Eine Formelsammlung ist genau das, was das Wort beschreibt – eine Sammlung von Formeln; in diesem Fall etwa 3000 Formeln, die fast ohne verbindende Texte hintereinander aufgeführt waren. Formelsammlungen waren weit verbreitet und in der Zeit vor dem Internet unverzichtbare Nachschlagewerke.

Ramanujan benutzte diese Formelsammlung aber als Lehrbuch, als seinen Zugang zur Mathematik. Er arbeitete die Sammlung durch. Wie, wissen wir nicht. Wir können aber vermuten, dass er sich von vorne nach hinten durchkämpfte, dass er sich jede einzelne Formel klarmachte, indem er Zahlenbeispiele rechnete, dass er versuchte, eine Formel aus den vorhergehenden abzuleiten, dass er Analogien entwickelte und so weiter. Vielleicht machte er es so.

Was wir aber sicher wissen, ist, dass diese Lektüre ein Wendepunkt in seinem Leben war. Sein weiteres Leben wurde durch diese Formelsammlung geprägt. Insbesondere formte sie sein Bild von Mathematik. Mathematik bedeutete für Ramanujan, Formeln zu finden. Nicht, sie herzuleiten oder sie zu beweisen, auch nicht, sie anzuwenden. Sondern zu finden. Als sich später seine mathematischen Freunde fragten, wie er denn die abenteuerlichen Formeln finden würde, antwortete er, ohne zu zögern: «Meine Göttin sagt sie mir im Schlaf.» Ramanujan schrieb sozusagen die gedruckte Formelsammlung weiter. Er «fand» Formeln ohne Unterlass und notierte diese in seinen Notizbüchern.

Er hätte enden können als eines von vermutlich vielen verkannten Genies, von denen die Welt nie etwas erfährt. Aber im Jahr 1913 unternahm Ramanujan einen letzten Versuch, sich bekannt zu machen. Er schrieb Briefe an die bekanntesten Mathematiker seiner Zeit, unter anderem an den englischen Starmathematiker Godfrey Harold Hardy (1877–1947), der damals am Trinity College in Cambridge lehrte. Und Hardy war genau der Richtige. Als Hardy Ramanujans Brief las, war er wie elektrisiert. Innerhalb weniger Stunden war ihm klar, dass ihm ein Genie geschrieben hatte. An den Formeln von Ramanujan faszinierte ihn nicht das, was er kannte, sondern gerade die Formeln, die er nicht verstand und die vollkommen fremd für ihn waren.

Hardy setzte alle Hebel in Bewegung, um Ramanujan nach England zu holen. Das gelang, und es begann eine wunderbare, höchst fruchtbare Zusammenarbeit. Ramanujan machte Karriere, er verfasste gemeinsame Veröffentlichungen mit Hardy, er wurde Fellow of the Royal Society, eine der höchsten Ehrungen für einen Wissenschaftler.

Aber das Glück währte nicht lange. Denn der Erste Weltkrieg bewirkte einschneidende Veränderungen des täglichen

Lebens. Viele englische Wissenschaftler wurden zur Armee eingezogen, so dass Ramanujan die Gesprächspartner fehlten. Die ewigen Verdunkelungen machten Ramanujan, der die südindische Sonne gewöhnt war, psychisch zu schaffen. Und schließlich bedeutete die Rationierung der Lebensmittel eine erhebliche Belastung für den Vegetarier Ramanujan. Kurz, er wurde krank; nicht nur physisch, sondern auch psychisch. Er zog sich zurück und verbrachte viele Tage matt und antriebslos in seiner Wohnung.

Im Jahr 1917 besucht Hardy den kranken, apathischen Ramanujan. Nachdem er abgelegt hatte, erzählte Hardy, vermutlich um einen kleinen Scherz zu machen, dass das Taxi, mit dem er gekommen war, eine besonders langweilige Nummer gehabt habe, nämlich 1729. Da schaute Ramanujan auf, vermutlich ging ein Leuchten über sein Gesicht, und er rief: «Nein, 1729 ist keineswegs eine langweilige Zahl, denn 1729 ist die kleinste Zahl, die man auf zwei verschiedene Weisen als Summe von zwei dritten Potenzen schreiben kann!»

An dieser Stelle stutzte vermutlich auch der brillante Zahlentheoretiker Hardy für einen kurzen Moment. Ramanujans blitzartige Reaktion zeugte von einem tiefen mathematischen Verständnis: dritte Potenzen, Summe von zwei dritten Potenzen, dann Zahlen, bei denen das auf zwei verschiedene Weisen geht, und schließlich die kleinste Zahl mit dieser Eigenschaft. Offenbar war es für Ramanujan überhaupt keine Frage, dass 1729 die beiden Darstellungen $1729 = 1^3 + 12^3$ und $1729 = 9^3 + 10^3$ hat.

~~~~~~~~~~~~~~~~~~~~

Ramanujan hat auch eine Formel für die Kreiszahl π gefunden. Jeder weiß, dass π ungefähr gleich 3,14 ist. Nicht genau gleich, sondern es gilt $\pi = 3{,}1415962\ldots$ Nach dem
~~~~~~~~~~~~~~~~~~~~

Komma folgt eine unendliche Folge von Ziffern, die außerordentlich schwierig zu berechnen sind (vgl. Kap. «π. Die geheimnisvolle Transzendente», S. 179). Ein höchst effizientes Berechnungsverfahren steckt in einer unglaublichen Formel von Ramanujan, mit der es R. William Gosper im November 1985 gelang, π auf 17 526 100 Stellen genau zu berechnen, was damals Weltrekord bedeutete. Ramanujans Formel lautet:

$$\frac{1}{\pi} = \frac{\sqrt{8}}{9801} \sum_{k=0}^{\infty} \frac{(4k)!(1103 + 26390k)}{(k!)^4 396^{4k}}$$

Auf den ersten Blick wirkt diese Formel verstörend. Man versteht kein Stück davon. Und man fragt sich ernsthaft, wie man auf eine solche Formel überhaupt kommen kann.

Dass es eine Formel für $1/\pi$ ist, ist nur ein Schönheitsfehler; denn sobald man diese Zahl ausgerechnet hat, geht man zum Kehrwert über und hat π. Aber diese Zahlen! Kein Mensch versteht sie. Das Einzige, was einem Mathematiker Orientierung gewährt, ist das große griechische Sigma in der Mitte der Formel. Das bedeutet nämlich, dass es sich um eine unendliche Summe handelt. Zuerst muss man $k=0$ einsetzen, dann $k=1$ und so weiter und jeweils ausrechnen, was herauskommt. Tatsächlich ergibt sich im Fall $k=0$ für $1/\pi$ der Wert 0,3183098 und also für π die erstaunlich gute Approximation 3,1415927… Jeder Term hat $(4k)!$ im Zähler und $(k!)^4$ im Nenner – eine Formel, die sich einem nicht einprägt, eine Formel, die man für hässlich halten könnte. Aber sie ist wie fürs Ausrechnen gemacht! Jede Addition eines neuen Bruchs ergibt acht weitere Nachkommastellen. Unvorstellbar, wie ein Mensch sich so etwas ausdenken kann!

65 537

Die Zahl im Koffer

65 537 ist eine Weltrekordzahl – wobei wir nicht wissen, ob dieser Weltrekord überboten werden kann oder ob es ein Rekord für die Ewigkeit ist.

65 537 ist eine Primzahl, und zwar die größte bekannte Primzahl der Form $2^k + 1$; genauer gesagt gilt $65\,537 = 2^{16} + 1$. Primzahlen der Form $2^k + 1$ sind nach dem französischen Juristen und Mathematiker Pierre de Fermat (1607–1665) benannt, der in einem Brief aus dem Jahr 1640 die Aufmerksamkeit auf sie lenkte. Die einzigen bekannten Fermatschen Primzahlen sind 3 ($= 2^1 + 1$), 5 ($= 2^2 + 1$), 17 ($= 2^4 + 1$), 257 ($= 2^8 + 1$) und 65 537. Das heißt, 65 537 ist die größte bekannte Fermatsche Primzahl.

Dieser Rekord hat nun schon seit fast 400 Jahren Bestand. Pierre de Fermat hoffte, mit diesen Zahlen eine unendlich sprudelnde Quelle von Primzahlen gefunden zu haben. Er wusste schon, dass $2^k + 1$ nur dann eine Primzahl sein kann, wenn der Exponent k eine Zweierpotenz, also eine der Zahlen 1, 2, 4, 8, 16, …, ist. Fermats Vermutung war: Wenn immer k eine Potenz von 2 ist, dann ist $2^k + 1$ eine Primzahl. Diese Vermutung ist falsch, denn außer den oben genannten ist keine der bislang untersuchten Zahlen dieser Form eine Primzahl.

Warum sind Fermatsche Primzahlen wichtig? Weil sie eine Schlüsselrolle bei der Konstruktion regulärer Vielecke spielen. Schon in der Antike stellte sich die Frage, für welche Zahlen n man ein reguläres n-Eck mit Zirkel und Lineal konstruieren kann.

Zunächst führen wir diese Frage auf ihren essenziellen Kern zurück. Wenn die Zahl n gerade und größer als 4 ist, dann kann man aus einem regulären n-Eck ein reguläres Vieleck mit der halben Eckenzahl konstruieren, indem man nur jede zweite Ecke betrachtet. Wenn man dieses Verfahren fortführt, kommt man entweder zum Quadrat oder zu einem regulären Vieleck mit ungerader Eckenzahl.

Die entscheidende Frage lautet also: Für welche ungeraden Zahlen n kann man ein reguläres n-Eck mit Zirkel und Lineal konstruieren?

Die abschließende Antwort stammt von Carl Friedrich Gauß aus dem Jahr 1801: Das geht genau dann, wenn n ein Produkt Fermatscher Primzahlen ist, wobei in dem Produkt jede Fermatsche Primzahl höchstens einmal auftauchen darf. Das bedeutet: Wenn n eine Primzahl ist, kann man ein reguläres n-Eck genau dann konstruieren, wenn n eine Fermatsche Primzahl ist.

Die Konstruktionen des gleichseitigen Dreiecks und des regulären Fünfecks waren schon in der Antike bekannt. Gauß hat 1796 das 17-Eck explizit konstruiert (vgl. Kap. «17. Die Gauß-Zahl», S. 83). Mit Hilfe der von ihm entwickelten Methoden wurde in der ersten Hälfte des 19. Jahrhunderts auch das 257-Eck konstruiert, und zwar erstmals im Jahr 1822 durch Magnus Georg Paucker (1787–1855) aus Estland und nochmals 1832 durch den deutschen Mathematiker Friedrich Julius Richelot (1808–1875).

Offen blieb die Konstruktion des 65537-Ecks. Im Grunde interessierte das niemanden. Denn Gauß hatte nicht nur bewiesen, *dass* dies geht, sondern auch gezeigt, *wie* es im Prinzip geht. Es fehlte sozusagen nur ein explizites Rezept, wie man es macht. Aber wer will schon ein reguläres 65537-Eck konstruieren?

Einer wollte. Und zwar der Gymnasiallehrer Johann Gustav Hermes (1846–1912). Wir wissen nicht viel über ihn. Er wurde 1846 im damaligen Königsberg in Preußen (heute Kaliningrad) geboren. Dort studierte er auch Mathematik und muss schon damals mit der Konstruktion regulärer Vielecke in Berührung gekommen sein, denn der Ordinarius für Mathematik in Königsberg war der 257-Eck-Konstrukteur Friedrich Julius Richelot. Nach dem Staatsexamen begann Hermes seine Karriere als Lehrer: Zunächst war er zwanzig Jahre lang am Progymnasium des Königlichen Waisenhauses in Königsberg tätig. Im Jahr 1893 wurde er zum Gymnasialprofessor am Gymnasium Lingen und 1899 zum Direktor des Gymnasiums in Osnabrück ernannt. In den ersten Jahren seines Lehrerberufes verfasste er eine Dissertation, in der es um Fermatsche Primzahlen und die Konstruktion regulärer Vielecke ging. Mit dieser Arbeit wurde er 1879 in Königsberg promoviert.

Dies alles ist völlig unspektakulär und wäre heute, nach weit über 100 Jahren, keiner Erwähnung wert.

Dass wir uns heute noch an Hermes erinnern, basiert auf dem Projekt, das er am 4. November 1879, also unmittelbar nach seiner Promotion, begann und *Diarium zur Kreisteilung* nannte. Dieses wissenschaftliche «Tagebuch» ist bemerkenswert aufgrund der Zielstrebigkeit, der Ausdauer und der Geduld, die Hermes in ein Projekt investierte, von dem allen von vornherein klar war, dass es zum Fortschritt der Mathematik keinen Deut beitragen und bestenfalls ein Kuriosum schaffen würde.

Die Aufgabe, die sich Hermes stellte, war die Konstruktion des regulären 65537-Ecks. Er verfügte sicher über die notwendigen Techniken; diese hatte er in den Werken von Gauß und von Richelot gelernt und in seiner Dissertation angewandt. Insbesondere war ihm klar, dass die «Konstruktion» nicht in komplizierten Zeichnungen besteht, sondern darin, die zu konstruierenden Größen, beispielsweise die Koordinaten der Punkte, durch Zahlen einer ganz bestimmten Art auszudrücken. Diese Zahlen sind Ausdrücke, die sehr kompliziert aussehen können, die aber aus natürlichen Zahlen in beliebiger Reihenfolge und Anzahl durch lediglich fünf Operationen entstehen, nämlich durch die vier Grundrechenarten (plus, minus, mal, geteilt) und durch Quadratwurzelziehen. Auf diese Weise kann man viele Zahlen berechnen, aber bei weitem nicht alle – eben nur die «konstruierbaren» Zahlen. Operationen, zum Beispiel dritte Wurzeln zu ziehen oder Grenzwerte zu bilden, sind verboten.

Das alles wusste Hermes. Er war bestens vorbereitet.

Es ist unklar, ob Hermes eine Vorstellung davon hatte, welchen Umfang das Unternehmen haben würde, auf das er sich einließ. Es sollte fast zehn Jahre dauern, bis das Werk am 15. April 1889 endlich fertig war. Zehn Jahre kontinuierlicher, intensiver, gründlicher Arbeit, bei der es nicht auf große Gedanken ankam, in der auch keine neuen Methoden entwickelt werden mussten, in der aber jedes Detail wichtig war.

Das Werk mit dem Titel *Konstruction des regulären Fünfundsechzigtausendfünfhundertsiebenunddreißig-Ecks* beeindruckt zunächst durch seine äußerlichen Dimensionen. Es besteht aus über 200 Seiten, die etwa 55 cm breit und 47 cm hoch sind. Auf diesen Seiten, die die Fläche eines A2-Plakats haben, hat Hermes in sorgfältiger, gut lesbarer Handschrift seine Erkenntnisse notiert. Nach einer äußerst knappen «Inhaltsangabe» und einigen wenigen Seiten «Einleitung» beherrschen Tabellen das Feld. Obwohl Hermes die Einträge in die Tabellen so klein schrieb, dass sie an der

Grenze der Lesbarkeit sind, füllen die Tabellen die gesamten Seiten aus, ja manchmal musste noch ein Blatt zum Ausklappen angeklebt werden. Strukturierende Texte, die einem potentiellen Leser einen Überblick geben, oder Orientierungspunkte wie «Theorem» oder «Beweis» gibt es kaum.

Das Ganze ist gebunden, war aber de facto nicht transportabel. Daher ließ Hermes noch einen Holzkoffer anfertigen. Das gesamte Konvolut wurde in diesem Koffer dem Mathematischen Institut der Universität Göttingen übergeben.

Warum Göttingen? Damals galt Göttingen als das Weltzentrum für Mathematik. Das war sicher zu Zeiten von Carl Friedrich Gauß (bis 1855) der Fall gewesen. Die Berufung von Felix Klein 1886, der nicht nur ein hervorragender Mathematiker, sondern ein äußerst erfolgreicher Wissenschaftsmanager war, brachte Göttingen wieder auf den Weg zur Weltspitze.

Vermutlich wurde die Arbeit Felix Klein persönlich übergeben, denn er gab Hermes die Möglichkeit, eine Kurzfassung seines Werkes in den *Nachrichten von der Gesellschaft der Wissenschaften zu Göttingen* zu veröffentlichen. Klein würdigt Hermes wie folgt: «Auf das 65537-Eck hat Herr Prof. Hermes in Lingen 10 Jahre seines Lebens verwandt, um alle nach der Gauss'schen Behandlungsweise vorkommenden Wurzeln etc. genau zu untersuchen. Das äusserst fleissige Diarium wird in der Sammlung des mathematischen Seminars zu Göttingen aufbewahrt.»

~~~

Es ist fast unvorstellbar, ein solches Werk zu schreiben. Genauso unvorstellbar ist es allerdings auch, dieses Werk zu lesen, das heißt durchzuarbeiten und die Argumente Schritt für Schritt zu überprüfen. Dieser Arbeit hat sich bislang nie-
~~~

mand unterzogen. Allerdings hat sich die australische Mathematikerin Joan Taylor auf den Weg gemacht und ein Computerprogramm geschrieben, das die Koordinaten des regulären 65537-Ecks exakt ausrechnet. Dabei hat sich herausgestellt, dass ihr Programm ganz ähnliche Tabellen wie Hermes erzeugt hat. Somit spricht viel dafür, dass Hermes mathematisch korrekt gearbeitet hat.

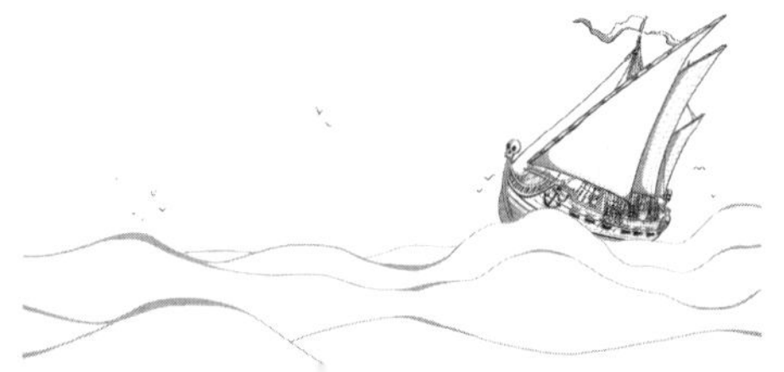

5 607 249

Die Opalka-Zahl

Im Jahr 1965 schrieb der polnisch-französische Künstler Roman Opalka (1931–2011) zum ersten Mal Zahlen auf eine Leinwand. Er begann links oben mit 1, dann schrieb er 2, dann folgte 3 und so weiter. Er malte die Zahlen sorgfältig in winziger Schrift mit dem kleinsten verfügbaren Pinsel auf einen schwarzen Untergrund, eine nach der anderen. Am Abend des ersten Tages war diese Leinwand noch längst nicht vollgeschrieben, also machte er am darauffolgenden Tag weiter. Er brauchte noch viele Tage, insgesamt sieben Monate, bis dieses erste Bild vollendet war. Er nannte es *Opalka 1965 / 1 – ∞*.

Dies war aber nicht der Titel des Bildes, sondern der Name für ein Projekt, dessen Anfang dieses Bild war. Denn die letzte Zahl auf dem Bild war 35 327, und diese Zahl ist definitiv nicht unendlich.

Also schrieb Opalka auf einer zweiten Leinwand weiter. Die erste Zahl der zweiten Leinwand war 35 328. Und so machte er weiter.

Opalka hatte sein Thema gefunden. Er schrieb Zahlen. Unablässig. Mehrere Hundert pro Tag. Dies tat er bis an sein Lebensende. Er malte nichts anderes mehr. Er lebte in der fortlaufenden Zahlenreihe, die ins Unendliche führt, und konnte keinen Gedanken mehr an andere Werke verschwenden.

Die einzelnen Bilder nannte er übrigens «Details», weil sie nur einen unendlich kleinen Ausschnitt des Gesamtprojekts *Opalka 1965/1 – ∞* darstellen.

Ab 1970 sprach er die Zahlen, während er sie malte. Außerdem wählte er ab 1972 immer hellere Leinwände. Jedes Jahr mischte er für die Farbe des Untergrunds ein Prozent mehr Weiß dazu. «Ich zähle. Ich schreibe. Unablässig, in einem fort, von eins bis unendlich. Die Zahlen werden immer mit weißer Farbe und einem Pinsel aufgetragen, auf einem einfarbigen Untergrund, der anfangs schwarz war und mit jedem Bild allmählich heller wird. Er geht immer mehr in Richtung Weiß, bis die weißen Zahlen auf ihm schließlich nicht mehr sichtbar sein werden. Wenn dieser Zustand erreicht ist, wird er andauern bis an mein Lebensende.»

Opalkas Werke erzielten und erzielen auf dem Kunstmarkt sensationelle Preise. Er selbst wurde zu einer Kultfigur.

Roman Opalka starb am 6. August 2011. Auch an diesem Tag hat er sein Zahlenwerk weitergetrieben. Die letzte Zahl, die er malte, war 5 607 249.

Dies ist die größte Zahl, auf die je ein Mensch gezählt hat.

Warum hören die Zahlen nicht auf? Alle zeitlichen Vorgänge, die wir beobachten können, sind endlich. Entweder finden sie ein natürliches Ende oder sie fangen immer wieder von vorne an. Die Wochentage beginnen nach dem Sonntag wieder von vorne, die Monate beginnen ab Neujahr wieder mit dem Januar.

Alle Zahlen, die wir empirisch bestimmen können, sind endlich: Seien es die Anzahl der Atome im Universum oder die Anzahl der Nanosekunden seit dem Urknall: Alles real Existierende ist endlich.

In der Mathematik, wie wir sie kennen, spielt die Unendlichkeit eine zentrale Rolle, und man denkt, das müsse so sein. Aber man kann sich durchaus eine Mathematik vorstellen, in der es nur endlich viele Objekte gibt. (Manche Teilgebiete der Mathematik, wie etwa die Kombinatorik, behandeln ausdrücklich nur endliche Strukturen.) In einer solchen Mathematik gäbe es eine größte Zahl, dafür würde es keine irrationalen Zahlen geben und die Fragen der Stetigkeit und Differenzierbarkeit von Funktionen wären gegenstandslos. Wir können uns kaum vorstellen, wie Physik und Technik funktionieren würden ohne die Hilfsmittel der unendlich vielen reellen Zahlen.

Aber auch eine endliche Mathematik könnte logisch konsistent sein. Um es ganz einfach zu sagen: Wenn wir Unendlichkeit wollen, dann müssen wir sie wollen. Die Mathematiker drücken diesen Willen durch ein Axiom aus.

Ernst Zermelo (1871–1953) hat als Erster klar gesehen, dass die Unendlichkeit nicht «vom Himmel fällt», das heißt nicht automatisch aus den anderen Axiomen folgt, sondern dass die Unendlichkeit eine Setzung von uns Menschen ist. In seinem Unendlichkeitsaxiom (1908) hat Zermelo genau diese Setzung vollzogen, indem er im Wesentlichen die Existenz der natürlichen Zahlen gefordert hat.

$2^{67} - 1$

Ohne Worte

Am 31. Oktober 1903 hielt der amerikanische Mathematiker Frank Nelson Cole (1861–1926) auf einer Tagung der American Mathematical Society einen der merkwürdigsten Vorträge der Geschichte der Mathematik. Im Grunde hielt er gar keinen Vortrag, seine Performance könnte man treffender als «Nichtvortrag» beschreiben.

Coles Thema waren die «Mersenneschen Primzahlen». Der französische Theologe und Mathematiker Marin Mersenne (1588–1648) war wie viele andere auf der Suche nach einer Formel für Primzahlen. Er betrachtete den Ausdruck $2^n - 1$. Für $n = 2$ ergibt sich $2^2 - 1 = 3$: eine Primzahl. Auch für $n = 3$ erhält man wegen $2^3 - 1 = 7$ eine Primzahl. Wenn man allerdings 4 einsetzt, ergibt sich $2^4 - 1 = 15$, also keine Primzahl. Mersenne überzeugte sich schnell, dass der Ausdruck $2^n - 1$ nur dann, besser gesagt: *höchstens dann* eine Primzahl sein kann, wenn n selbst eine Primzahl ist.

Das klingt paradox, ist es aber nicht. Denn der Exponent n ist relativ klein, die Zahl, die sich ergibt, aber groß. Zum Beispiel liefert der kleine Exponent $n = 7$ die Primzahl $2^7 - 1 = 127$. Die Idee ist, dass man diese Zahl wieder als Exponent benutzen könnte und so weiter.

So schön ist die Welt aber nicht, denn nicht jedes n, das eine Primzahl ist, liefert, wenn man es in die Formel einsetzt, auch eine Primzahl. Das wusste schon Mersenne. Die

Zahl $2^{11} - 1 = 2047$ ist das Produkt der Zahlen 23 und 89, also keine Primzahl.

Daher muss man für jede Primzahl p testen, ob $2^p - 1$ tatsächlich eine Primzahl ist oder nicht. Ein offener Fall war $p = 67$. Mersenne hatte zwar behauptet, dass $2^{67} - 1$ eine Primzahl sei, aber der französische Mathematiker Édouard Lucas hatte 1876 gezeigt, dass dies nicht sein kann. Dies folgte aus theoretischen Überlegungen. Aber in welche Faktoren die Zahl $2^{67} - 1$ zerfällt, konnte Lucas nicht sagen.

Diese Herausforderung griff Frank Nelson Cole auf, und die Stunde seines Triumphes kam am 31. Oktober 1903 auf der Tagung der American Mathematical Society. Nachdem sein Vortrag angekündigt worden war, erhob sich Cole, ging zur linken Tafel, nahm ein Stück Kreide in die Hand und schrieb oben auf die Tafel $2^{67} - 1$. Dazu sagte er kein Wort. Dann rechnete er diese Zahl aus. Wie er das gemacht hat, ist nicht überliefert, aber prinzipiell ist das nicht schwierig. Vielleicht hat er 67 Mal verdoppelt, das heißt, der Reihe nach 1, 2, 4, 8, ... ausgerechnet und dann 1 abgezogen. Er hätte auch 2^{67} schreiben können als $2^{10+10+10+10+10+10+7}$. Diese Zahl ist gleich $2^{10} \cdot 2^{10} \cdot 2^{10} \cdot 2^{10} \cdot 2^{10} \cdot 2^{10} \cdot 2^7$. Und da er wusste, dass $2^{10} = 1024$ und $2^7 = 128$ ist, hätte er «nur noch» das Produkt $1024 \cdot 1024 \cdot 1024 \cdot 1024 \cdot 1024 \cdot 1024 \cdot 128$ ausrechnen müssen In jedem Fall erhielt Cole als Ergebnis die Zahl 147 573 952 589 676 412 927.

Als er diese Zahl berechnet hatte, wandte er sich – weiterhin ohne ein Wort zu sagen – der rechten Tafel zu und stellte sich die Aufgabe, das Produkt der Zahlen 193 707 721 und 761 838 257 287 zu berechnen. Cole berechnete es so, wie er (und wir alle) das schriftliche Multiplizieren in der Schule gelernt hatte. Er arbeitete sorgfältig und geduldig und erhielt am Ende die gleiche Zahl, die er schon auf der linken Tafel berechnet hatte.

Danach setzte er sich wieder auf seinen Platz, ohne auch nur ein einziges Wort geäußert zu haben. Das Publikum feierte ihn allerdings mit Standing Ovations. Als er später einmal gefragt wurde, wie er die Faktoren gefunden habe, antwortete er lakonisch, «three years of Sundays».

Bis heute übt die Jagd nach großen Primzahlen eine große Faszination aus. Jeder Mathematiker weiß, dass es unendlich viele Primzahlen gibt; diesen Satz hat als Erster Euklid (ca. 300 v. Chr.) bewiesen. Das bedeutet, dass die zu einem gewissen Zeitpunkt größte *bekannte* Primzahl definitiv nicht die absolut größte Primzahl sein kann; denn Euklids Satz sagt, dass es immer eine noch größere gibt.

Seit vielen Jahrzehnten sind die jeweils größten bekannten Primzahlen von der Form $2^p - 1$, das heißt Mersennesche Primzahlen. Die Größenordnungen, in denen man sich heute bewegt, sind allerdings ganz andere als die zu Coles Zeiten. Die derzeit größte Primzahl wurde 2018 gefunden; sie lautet $2^{82\,589\,933} - 1$. Wenn man diese Zahl ausrechnen würde, würde sich eine Dezimalzahl mit 24 862 048 Stellen ergeben. Das heißt, diese Zahl hat die Größenordnung $10^{24\,862\,048}$ und ist damit um viele, viele Größenordnungen größer als die Anzahl der Nanosekunden seit dem Urknall. Frank Nelson Cole hätte keine Chance gehabt, per Hand zu überprüfen, ob diese Zahl eine Primzahl ist.

Übrigens kann sich jeder an dem Rennen um den nächsten Primzahlweltrekord beteiligen. Unter dem Stichwort «Great Internet Mersenne Prime Search (GIMPS)» kann man sich ein Programm herunterladen, das automatisch nach der nächsten Mersenne-Primzahl sucht. Viel Glück!

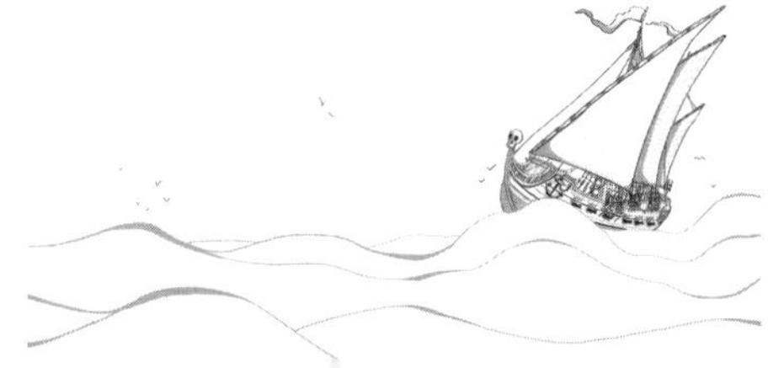

−1

Eine absurde Zahl

Ein Professor steht vor einem Hörsaal. Er sieht fünf Studierende den Hörsaal betreten und nach einiger Zeit sechs Studierende herauskommen. Da denkt sich der Prof: «Wenn jetzt noch einer reingeht, ist der Hörsaal wieder leer.»

Dieser klassische Mathewitz thematisiert in wunderbarer Weise die scheinbaren Paradoxien der negativen Zahlen. Denn man kann sich schon fragen: «Wie soll das gehen? Von nichts noch etwas wegnehmen?» Schließlich kann man ja auch keinem nackten Mann in die Tasche greifen.

Solche und ähnliche Einstellungen hinderten die Menschen jahrtausendelang, negative Zahlen zu akzeptieren. In der Tat sind negative Zahlen die Zahlen, die am längsten auf ihre Anerkennung als gleichberechtigte Mitglieder im Zahlenreich warten mussten. Jeder Kaufmann rechnete mit Bruchteilen, in der Mathematik wurde mit Wurzeln gearbeitet und mit der Kreiszahl π sowieso. Nur negative Zahlen blieben ein Tabu.

In vielen Fällen kam man auch gut ohne negative Zahlen aus. Es war nur ein bisschen umständlicher, als es mit negativen Zahlen wäre. Zum Beispiel sagen wir heute, dass es nur eine allgemeine quadratische Gleichung gibt. Diese lautet $x^2+px+q=0$, wobei p und q beliebige Zahlen (positive oder negative) sein können. Ohne negative Zahlen wäre zum Beispiel $x^2+4x-2=0$ aufgrund des Minuszeichens eine sinnlose Ansammlung von Zeichen. Heute sagen wir, dass wir die Gleichung $x^2 + 4x = 2$ in die Gleichung $x^2 + 4x - 2 = 0$ «umformen», aber für die Menschen früherer Jahrhunderte wäre der zweite Ausdruck gar keine Gleichung gewesen.

Vor der Einführung der negativen Zahlen musste man vier Typen von quadratischen Gleichungen unterscheiden (und bei Gleichungen höheren Grades noch viel mehr):

$$x^2 + px + q = 0,\ x^2 + px = q,\ x^2 + q = px,\ x^2 = px + q,$$

jeweils mit positiven Zahlen p und q. Entsprechend brauchte man vier angepasste Lösungsverfahren.

Es war auch nicht so, dass man keine Differenzen bilden konnte: $12 - 5$ war kein Problem. Die Vorstellung war dabei immer, dass man von einer bestimmten Menge von Objekten einen Teil entfernt. Dann besteht der Rest aus einer gewissen Anzahl von Objekten, die positiv oder im Extremfall 0 ist. Es können aber nicht –3 Teile übrig bleiben.

Wann wurden negative Zahlen unumgänglich?

Wenn man mit Geld rechnet, kommen unweigerlich Einnahmen und Ausgaben beziehungsweise Guthaben und Schulden ins Spiel. Solange man diese Situationen umgangssprachlich behandelt, entsteht kein Problem («Ich habe 3 Unzen eingenommen und 5 ausgegeben, also habe ich 2 Unzen Schulden»), aber sobald man diesen Vorgang in die mathematische Sprache übersetzt, muss man wissen, wie man das Ergebnis der Rechnung $3 - 5$ bezeichnet. Statt zu sagen: «2 Unzen Schulden», hat man einfach «-2» geschrieben.

Das «Guthaben-Schulden-Modell» macht viele Rechenregeln mit negativen Zahlen einsichtig. So haben schon der indische Mathematiker Brahmagupta (598– nach 665) und später Fibonacci 1202 in seinem Buch *Liber Abaci* mit negativen Größen gerechnet; Fibonacci lässt vereinzelt und vielleicht «aus Versehen» abstrakte negative Zahlen zu, zum Beispiel als Lösungen von Gleichungen.

Mit der Vorstellung der Guthaben und Schulden kann man gut verstehen, was $-3+-5$ ist, nämlich «Zu 3 Unzen Schulden kommen noch 5 Unzen Schulden hinzu; das ergibt 8 Unzen Schulden». Dafür schreiben wir dann $-3+-5=-8$. Allgemein kann man sagen, dass Addition (und Subtraktion) von negativen Zahlen kein Verständnisproblem darstellt.

Auch $4\cdot(-3)$ kann man gut verstehen («4 mal 3 Unzen Schulden»); wir schreiben $4\cdot(-3)=-12$. Mit anderen Worten, auch die Multiplikation «positiv mal negativ» ist kein prinzipielles Problem.

Anders ist es mit einem Ausdruck wie $(-3)\cdot 4$. Diesen kann man im Schuldenmodell nicht sinnvoll interpretieren (»–3 mal 4 Unzen Guthaben»). Um $(-3)\cdot 4$ auszurechnen, bringen die Mathematiker das «Kommutativgesetz» ins Spiel. Dieses besagt, dass es bei der Multiplikation auf die Reihenfolge nicht ankommt, das heißt, dass für alle Zahlen a und b gelten soll: $a\cdot b=b\cdot a$. Wenn wir fordern, dass dieses Gesetz auch für die negativen Zahlen Gültigkeit behält, können wir schließen: $(-3)\cdot 4=4\cdot(-3)=-12$.

Der Erste, der den negativen Zahlen ein Existenzrecht einräumte und sie nicht nur als Abkürzung für Schulden betrachtete, war der schwäbische Theologe und Mathematiker Michael Stifel (1487–1567) in seinem Buch *Arithmetica integra* (1544). Er nennt sie zwar noch «numeri absurdi» (widersinnige Zahlen) oder «numeri ficti» (gedachte Zahlen). Er sagt dann aber, dass diese fingierten Zahlen von höchstem Nutzen für die Mathematik seien («haec fictio summa utilitate per rebus mathematicis»).

Der französische Ingenieur und Mathematiker Albert Girard (1595–1632) schreibt in seinem Buch *Invention nouvelle en l'algèbre* (1629), dass negative und positive Zahlen den gleichen Status haben. Er verwendet sie gleichberechtigt als Koeffizienten von Gleichungen und akzeptiert negative Zahlen als Lösungen ebenso wie positive.

~~~~~~~~~~~~~~~~~~~~

Warum ist minus mal minus gleich plus?

Warum soll (−1) mal (−1) gleich +1 sein? Könnten wir nicht definieren, dass dabei 6 herauskommt oder −7 oder π? Ehrlich gesagt: Wir könnten das machen. Aber wie bei jeder Definition geht es nicht um richtig oder falsch, sondern darum, ob diese Festlegung nützlich ist, das heißt, ob uns diese Definition später hilft oder ob wir uns durch sie unnötige Schwierigkeiten einhandeln.

Der Mathematiker Hermann Hankel (1839–1873) hat einen genialen Trick erfunden, der nahelegt, dass $(-1)\cdot(-1)=+1$ ist. Er nennt seinen Trick die Methode der «Permanenzreihen». Es handelt sich um eine Reihe von Gleichungen, die systematisch auseinander hervorgehen; von Schritt zu Schritt ändert sich an jeweils zwei Stellen eine Kleinigkeit:

$$3\cdot(-1)=-3$$
$$2\cdot(-1)=-2$$
$$1\cdot(-1)=-1$$
$$0\cdot(-1)=0$$

Das sind Gleichungen, von deren Gültigkeit wir uns zum Beispiel mit dem Schuldenmodell überzeugen können.

Nun schauen wir die Folge der Zahlen an, die in den Gleichungen ganz links stehen: 3, 2, 1, 0. Es gehört nicht viel Phantasie dazu, zu erkennen, dass die nächste Zahl dieser Folge −1 sein muss. Auf der rechten Seite sehen wir die Folge −3, −2, −1, 0. Auch hier braucht man keine übermäßige Intelligenz, um zu sehen, dass die nächste Zahl +1 sein müsste.

Wenn wir diese beiden Ideen zusammenbringen, ergibt sich die nächste Gleichung. Wir schreiben links −1 und
~~~~~~~~~~~~~~~~~~~~

rechts +1 und erhalten $(-1)\cdot(-1)=+1$. Das ist – o Wunder! – genau das Rechengesetz «minus mal minus ist plus».

Das klingt überzeugend und ist auch schlüssig. Denn diese Vorgehensweise passt zu den mathematischen Rechengesetzen, die wir vom Umgang mit den positiven Zahlen gewohnt sind. Jedenfalls ergibt sich kein Widerspruch.

Man könnte immer noch einwenden, dass die Festlegung $(-1)\cdot(-1)=+1$ eine Entscheidung ist, die man theoretisch auch anders hätte treffen können. Ja – aber aus mathematischer Sicht ist es die einzig vernünftige Entscheidung.

2/3

Gebrochene Zahlen

Eine Legende erzählt, dass Pythagoras auf seinen Spaziergängen eines Tages an einer Schmiedewerkstatt vorbeigekommen sei. Vermutlich nicht zum ersten Mal, und vermutlich hat er auch nicht zum ersten Mal die wuchtigen Schläge gehört, mit der die Schmiede das Eisen hämmerten. Aber an diesem Tag klangen die Töne besonders gut zusammen und ergaben einen wohltönenden Gesamtklang, der Pythagoras faszinierte. Er fragte sich, woran das liegen könnte.

Als er die Schmiedewerkstatt betrat, fiel sein Blick auf die Hämmer, mit denen die Schmiede das Eisen bearbeiteten, und spontan kam ihm die Idee, dass es an den Hämmern liegen müsse. Sein Gedanke war, dass die unterschiedlichen Gewichte der Hämmer die verschiedenen Tonhöhen bewirkten und der harmonische Zusammenklang der Töne seine Ursache im Verhältnis der Gewichte der Hämmer habe.

So vermutete Pythagoras. Aber diese Vermutung war falsch.

Die zugrunde liegende Idee allerdings war richtig, erkenntnisstimulierend und zukunftsweisend. Sie prägt Mathematik und Musik bis heute. Es ist die Idee, dass Tonhöhen durch Zahlen beschrieben werden können und Klänge, also musikalische Intervalle, durch Verhältnisse dieser Zahlen.

Die Schüler des Pythagoras spürten an ihren Musikinstrumenten der Beziehung von Tönen und Zahlen nach. Besonders aussagekräftige Ergebnisse erzielten sie beim Experimentieren mit dem sogenannten Monochord.

Das antike Monochord ist ein Instrument mit nur einer Saite, die man zupft, um einen Ton zu erzeugen. Um verschiedene Töne zu erhalten, unterteilt man die Saite an irgendeiner Stelle, ähnlich wie man bei einer Gitarre oder Violine eine Saite niederdrückt. Wenn man beim Monochord dann den linken und den rechten Teil der Saite zupft, erklingen zwei Töne. Und manchmal klingen diese beiden Töne besonders gut zusammen. Das ist dann der Fall, wenn sie ein «reines» Intervall bilden, zum Beispiel eine Oktave, eine Quinte, eine Quarte. Das sind die schönen Klänge, die Pythagoras in der Schmiede gehört hatte.

Wann immer ein solches Intervall auftrat, haben die Pythagoreer die Längen der beiden Teilsaiten gemessen und sind dabei auf eine sensationelle Erkenntnis gestoßen, die die Idee ihres Meisters in geradezu wunderbarer Weise bestätigte: Bei einer Oktave waren die Längen im Verhältnis 2 : 1, bei einer Quinte im Verhältnis 3 : 2 und bei einer Quarte im Verhältnis 4 : 3. Kurz: Je reiner der Klang, desto einfacher das Zahlenverhältnis. Je komplizierter das Verhältnis der Zahlen, desto komplexer der Klang.

Diese Beobachtung hatte enorme Konsequenzen, sowohl für die Musik als auch für die Mathematik. Für die Musik, zumindest die abendländische Musik, hatte die Entdeckung der Pythagoreer zur Folge, dass man sich auf die Intervalle wie Oktave, Quinte, Quarte, Terz, … konzentrierte, was letztlich zum System der Tonarten und zu deren zahlenmäßiger Erfassung führte.

Auch in der Mathematik weitete sich der Blick über die natürlichen Zahlen hinaus. Man betrachtete sie nicht nur als einzelne Objekte, mit denen man zum Beispiel etwas zählen konnte, sondern man konnte je zwei natürliche Zahlen in ein

Verhältnis setzen. Damit konnte man Aussagen treffen wie: «Die Längen zweier Strecken verhalten sich wie 3 zu 5» oder «Zwei Paare von Strecken haben das gleiche Längenverhältnis» und so weiter.

Die griechischen Mathematiker entwickelten eine umfangreiche Theorie der Verhältnisse. Sie konnten mit Verhältnissen von Zahlen virtuos rechnen, vermieden es aber peinlich, diese Verhältnisse als «Zahlen» zu behandeln.

Unsere Bezeichnung «rationale Zahlen» für Bruchzahlen erinnert noch an diese Verhältnislehre, denn der Name kommt vom lateinischen Wort *ratio* (Verhältnis).

Aber auch in anderen, ganz praktischen Situationen hatten die Menschen bemerkt, dass die natürlichen Zahlen 1, 2, 3, … nur ein grobes Werkzeug sind. Bei der Längenmessung reicht die Messgenauigkeit der ganzen Zahlen nicht aus; man muss oft auch Werte «zwischen» den ganzen Zahlen, zum Beispiel zwischen 1 und 2, erfassen. Und auch beim Verteilen von Objekten waren die natürlichen Zahlen keine wirkliche Hilfe: drei Brote auf acht Menschen: Wie soll man das ausrechnen?

So selbstverständlich für uns heute die Antwort «Bruchzahlen» zu sein scheint, so schwer taten sich Menschen früherer Jahrtausende damit.

Wenn man keine Idee von Brüchen hat oder diese vermeiden möchte, liegt die Idee der «kleineren Einheiten» nahe. Wir benutzen dieses Prinzip auch heute noch, wenn wir schwer vorstellbare 0,001 Meter als 1 Millimeter denken. Beim Geld ist uns das noch geläufiger: Wir können einen Euro in 100 Cent teilen und damit auch Bruchteile wie etwa 0,5 Euro oder 0,83 Euro bezahlen.

Diese Idee nutzten auch die Römer, um Bruchteile zumindest ausdrücken zu können. Sie teilten 1 As in 12 Unzen und benutzten diese Aufteilung so häufig, dass eine Unze als unbenannter Bruch, das heißt einfach als 1/12, verwendet wurde. Durch weitere Halbierungen konnten sie auch feinere Einteilungen beschreiben. Allerdings hatte jeder Bruch einen individuellen Namen, was das Rechnen mit diesen Brüchen fast unmöglich machte.

In anderen Teilen der Welt hatte sich aber schon eine echte Bruchrechnung entwickelt. So konnten die chinesischen Mathematiker bereits zur Zeit der Römer routiniert mit Brüchen rechnen. Die Inder verfügten um 500 n. Chr. über eine perfekte Bruchrechnung, wie man sie zum Beispiel in den Werken Brahmaguptas (598 – nach 665) findet. Ihre Darstellung der Brüche entspricht fast der heutigen: Der Zähler wird über den Nenner geschrieben, allerdings verwendeten sie keinen Bruchstrich.

Der horizontale Bruchstrich ist eine Erfindung der Araber; in Europa wurde der Bruchstrich erstmals 1202 von Fibonacci (in seinem *Liber Abaci*) verwendet. Der schräge Bruchstrich wurde im 18. Jahrhundert erfunden, und zwar weil Brüche mit horizontalem Bruchstrich drucktechnisch schwierig darzustellen waren.

Die Bruchzahlen haben Eigenschaften, die wir von den natürlichen Zahlen nicht kennen. Sie eröffnen uns damit einen Blick in eine viel reichere Welt der Zahlen. Das kann man unter anderem an folgenden Eigenschaften erkennen:

– Wenn man die Reihe 1/2 > 1/3 > 1/4 > 1/5 > 1/6 > … betrachtet, ist klar, dass jede Bruchzahl kleiner als die vorherige ist. Erstaunlich: je größer der Nenner, desto kleiner die Bruchzahl.
– Man kann mit Brüchen beliebig genau messen beziehungsweise sich einer Zahl beliebig genau annähern, und zwar

indem man die Nenner der Bruchzahlen immer größer macht. 9/10 ist schon nahe bei 1, aber 99/100 noch näher, und 9999/10 000 noch ein Stückchen näher und so weiter. In der Mathematik spricht man davon, dass die Bruchzahlen «dicht» in der Menge aller reellen Zahlen liegen.

- Zwischen je zwei Bruchzahlen liegen unendlich viele andere Bruchzahlen. Das kann man sich auf viele Weisen klarmachen. Zum Beispiel liegt zwischen 1/4 und 1/2 ihr Mittelwert (arithmetisches Mittel); das ist gleich $(1/4+1/2)/2=3/8$. Zwischen 1/4 und 3/8 liegt deren arithmetisches Mittel 5/16 und so weiter.
- Ein merkwürdiges Phänomen ist, dass ein und dieselbe Zahl durch viele verschiedene Brüche dargestellt werden kann: $2/3=4/6=6/9=16/24=\ldots$ Die Größe einer Bruchzahl ist also nicht direkt mit der Größe von Zähler und Nenner gekoppelt: Wenn beide groß sind, kann die Bruchzahl trotzdem winzig sein.
- Beim Rechnen kommt es noch bunter, insbesondere wenn wir Bruchzahlen zwischen 0 und 1 betrachten. Multipliziert man eine Zahl mit einem solchen Bruch, wird sie kleiner, wenn man sie durch einen solchen Bruch dividiert, größer!

~~~~~~~~~~~~~~~~~~~~

Die ägyptischen Mathematiker hatten schon vor 4000 Jahren eine Methode, Brüche darzustellen. Dabei handelte es sich, genauer gesagt, um spezielle Brüche, sogenannte Stammbrüche, das heißt Brüche wie 1/2, 1/5, 1/37, die den Zähler 1 haben. Dazu malten sie über die entsprechende natürliche Zahl eine spezielle ovale Hieroglyphe, nämlich das Zeichen für «Mund». So wurde aus 4 der Bruch 1/4, aus 10 der Bruch 1/10 und so weiter.
~~~~~~~~~~~~~~~~~~~~

Da die Ägypter nur Stammbrüche schreiben konnten, musste jedes Ergebnis als Summe von Stammbrüchen ausgedrückt werden. Zusätzlich verlangten sie, dass diese Stammbrüche verschieden sein sollten. Wenn das Ergebnis einer Rechnung in unserer Notation 2/5 war, so schrieben die Ägypter dafür nicht $1/5+1/5$, sondern $1/3+1/15$. Dass das stimmt, kann man leicht überprüfen: $1/3+1/15=5/15+1/15$ $=6/15=2/5$.

Es ist eine paradoxe Situation: Der Bruch 2/5 ist für uns das Ergebnis einer Rechnung, für die Ägypter war er eine Aufgabenstellung und sie rechneten $2/5=1/3+1/15$, um das Ergebnis $1/3+1/15$ zu erhalten. Demgegenüber fassen wir den Ausdruck $1/3+1/15$ als Aufgabe auf, und wir rechnen $1/3+1/15=2/5$.

Man fragt sich, wie man auf Darstellungen einer Zahl als Summe verschiedener Stammbrüche kommen kann. Probieren ist aufwändig. Naheliegend ist der Ansatz, von der darzustellenden Zahl den größten Stammbruch, der kleiner als diese Zahl ist, abzuziehen. Wenn wir die Zahl 2/5 als Summe zweier verschiedener Stammbrüche darstellen wollen, beobachten wir zunächst, dass 2/5 ein bisschen größer als 1/3 ist. Dann bilden wir die Differenz $2/5-1/3$. Wir erweitern die Brüche auf den Hauptnenner $5\cdot 3=15$ und erhalten $6/15-5/15$. Diese Differenz ist gleich 1/15. Also gilt $2/5-1/3=1/15$, und durch Umstellen ergibt sich $2/5=1/3+1/15$.

Entsprechend sieht man $2/7=1/4+1/28$, $2/9=1/5+1/45$. In dem *Papyrus Rhind* (ca. 1650 v. Chr.), dem wir einen Großteil unserer Kenntnisse der altägyptischen Mathematik verdanken, findet sich eine Liste, in der die Bruchzahlen 2/5, 2/7, 2/9, …, 2/101 als Summe von zwei verschiedenen Stammbrüchen dargestellt sind.

Man kann längst nicht jeden Bruch als Summe von zwei Stammbrüchen schreiben. Zum Beispiel gelingt dies bei 3/7 nicht. Dieser Bruch ist aber eine Summe von drei Stammbrüchen, denn $3/7 = 1/3 + 2/21$. Da man nach den obigen Überlegungen $2/21$ als Summe zweier Stammbrüche schreiben kann, nämlich als $1/11 + 1/231$, ist $3/7 = 1/3 + 1/11 + 1/231$. In der Tat ist aber jeder Bruch der Form $3/n$ eine Summe von maximal drei verschiedenen Stammbrüchen.

Auf diesem Feld der Mathematik sind bei weitem nicht alle Fragen beantwortet. Zum Beispiel ist es eine bis heute unbeantwortete Frage, ob jede Bruchzahl der Form $4/n$ eine Summe von maximal drei Stammbrüchen ist.

3,125

Einfach, aber genial

Im Jahr 1585 erschien ein schmales Heft, gerade mal 37 Seiten stark, mit dem der Verfasser, der flämische Buchhalter, Ingenieur und Mathematiker Simon Stevin (1548/49–1620) nichts weniger wollte, als der Welt eine frohe Botschaft zu verkünden. Diese lautete: Rechnen ist einfach!

Im Vorwort beschreibt er seine Entdeckung. Ohne gezielt zu suchen, sei er darauf gestoßen, so wie ein Seefahrer, der zufällig eine unbekannte Insel entdeckt. Und so wie der Seemann den Reichtum der Insel, zum Beispiel die wunderbaren Früchte und die wertvollen Rohstoffe, seinem König präsentiert, so würde er, Simon Stevin, jetzt in diesem Buch über das enorme Potential seiner Erfindung berichten, das viel größer sei, als irgendjemand erwarten könne.

Das Büchlein heißt *De Thiende* (Das Zehntel) und beschreibt eine Methode, die das alltägliche Rechnen «unerhört einfach» macht, und zwar dadurch, dass sie das Rechnen mit Brüchen konsequent vermeidet. Alles Rechnen (Addieren, Subtrahieren, Multiplizieren und Dividieren) werde so einfach wie das Rechnen mit ganzen Zahlen. Simon Stevin beglückwünscht daher alle Astronomen, Landvermesser, Schneider, Weinhändler, Münzmeister und überhaupt alle Kaufleute zur Anwendung dieser Methode.

Stevin belässt es nicht bei diesen programmatischen Aussagen, sondern macht sich daran, seine Heilsversprechungen einzulösen. Seine Entdeckung sind die Dezimalbrüche («Kommazahlen»), die er als Erster systematisch darstellt. Er erklärt zunächst, was unter einem Dezimalbruch zu verstehen ist: 3,125 bedeutet 3 + 125/1000. Und dann stellt er dar, wie einfach man mit Dezimalbrüchen rechnen kann. Für uns ist das selbstverständlich, aber für die Menschen damals, die sich mit Brüchen quälen mussten, waren seine Erläuterungen und Beispiele eine Offenbarung:

– Man kann Dezimalbrüche leicht der Größe nach vergleichen: Ob 4/7 kleiner als 3/5 ist oder nicht, ist schwer zu entscheiden, aber dass 0,378 kleiner als 0,401 ist, bedarf keines Wortes.
– Addieren von Dezimalbrüchen ist in der Tat nicht schwieriger als das Addieren ganzer Zahlen. 3/7 + 5/9 ist schwierig und fehleranfällig, aber 1,37 + 5,41 kann man einfach ausrechnen, indem man die Ziffern addiert.
– Auch Multiplizieren und Dividieren sind einfach und werden von Stevin mit wenigen Beispielen klar beschrieben.

So konzentriert und überzeugend Stevins Publikation war – er war weder der Erste, der Dezimalbrüche verwendete, noch war die Geschichte mit ihm zu Ende.

In China wurden schon viele Jahrhunderte vor Stevin vereinzelt Dezimalbrüche benutzt. Von da kamen sie über Arabien nach Europa. Im 10. Jahrhundert erscheinen sie in einem Buch des arabischen Mathematikers al-Uqlidisi. Der persische Mathematiker al-Chwarizmi führte sie im 9. Jahrhundert in die islamische Mathematik ein. Der Mathematiker al-Kashi aus Samarkand zeigte in seinem Werk *Schlüssel des Rechnens* 1427, wie perfekt er das Rechnen mit Dezimalbrüchen verstanden hatte und nutzen konnte.

Das heißt, Dezimalbrüche waren schon vor Simon Stevin bekannt, aber er war der Erste, der die Bedeutung der Dezimalbrüche erkannte und diese systematisch dargestellt hat.

Allerdings entschied Stevin sich für eine sehr komplizierte Art, Dezimalbrüche zu schreiben. Er schrieb eine kleine eingekreiste 1 rechts neben die Zehntelstelle, eine kleine eingekreiste 2 rechts neben die Hunderterstelle und so weiter. Das war eindeutig, aber nicht eingängig. Damit begann eine kontroverse Geschichte der Dezimalbruchschreibweise, die bis heute nicht beendet ist.

Vieta (1540–1603) schrieb Ende des 16. Jahrhunderts anstelle unseres Kommas einen senkrechten Strich. John Napier (1550–1617) benutzte in seinem einflussreichen Werk von 1617 sowohl Punkt als auch Komma.

Nun hatte Gottfried Wilhelm Leibniz in den 1670er Jahren vorgeschlagen, anstelle des Multiplikationskreuzes × den Malpunkt zu verwenden. Daraus entwickelte sich eine Konkurrenz zwischen Dezimalpunkt und Malpunkt. So wurde zum Beispiel bis weit ins 20. Jahrhundert hinein in England die Aufgabe «3 mal 5» als 3.5 geschrieben, während 3 · 5 für den Dezimalbruch 3,5 stand.

Heute wird in Europa (außer England) und in Südamerika das Dezimalkomma verwendet, während in England, den USA, Australien und vielen asiatischen Ländern der Dezimalpunkt zum Einsatz kommt. In Deutschland ist die Kommaschreibweise durch die Norm DIN 5008 geregelt.

Simon Stevin singt völlig zu Recht ein Loblied auf die Dezimalbrüche. Aber es gibt eine Stelle, an der Dezimalbrüche alles andere als einfach und übersichtlich sind und in geheimnisvolle, ja mysteriöse Bereiche hineinreichen: Während es zwischen gewöhnlichen Brüchen wie 1/2, 1/3, 3/4, 5/6, 3/7, … keine prinzipiellen Unterschiede beim Rechnen gibt, sieht es ganz anders aus, wenn man zu den entsprechenden Dezimalbrüchen übergeht. Die Brüche 1/2 und 3/4 ergeben einfache Dezimalbrüche: 1/2 = 0,5 und 3/4 = 0,75, aber wenn man Brüche mit dem Nenner 3, 6, 7 und so weiter ausrechnet, erlebt man echte Überraschungen: 1/3 = 0,333…, 5/6 = 0,8333… und 3/7 = 0,428571428571… Diese Dezimalbrüche haben unendlich viele Stellen!

Kann man einem Bruch a/b ansehen, ob der entsprechende Dezimalbruch endlich oder unendlich ist? Ja, und zwar braucht man dazu nur den Nenner b anzuschauen. Zum Beispiel ist jeder Bruch mit dem Nenner 1000 ein endlicher Dezimalbruch. Klar, denn 347/1000 = 0,347. Auch alle Brüche mit den Nennern 10 000 oder 1 000 000 sind endliche Dezimalbrüche. Kurz, alle Brüche, deren Nenner eine Zehnerpotenz ist – oder deren Nenner zu einer Zehnerpotenz erweitert werden können. So sind auch Brüche mit dem Nenner 4 oder 50 oder 125 endliche Dezimalbrüche.

Alle anderen Nenner führen zu unendlichen Dezimalbrüchen, und zwar zu periodischen Dezimalbrüchen. Zum Beispiel 1/6 = 0,1666…, 1/9 = 0,111…, 1/12 = 0,08333… Oft bezeichnet man die «Periode», also die Ziffernfolge, die sich dauernd wiederholt, mit einem darüberstehenden Strich, das heißt 3/14 = 0,2142857142857… = $0,2\overline{142857}$.

Warum sind alle Dezimalbrüche, die zu Brüchen gehören, endlich oder periodisch? Warum kann dabei nicht etwas wie bei π passieren?

Schauen wir uns dazu den Bruch 1/7 an. Wenn man den Bruchstrich als Divisionszeichen auffasst, würde man 1 : 7 rechnen. Beim Durchführen der schriftlichen Division entsteht in jedem Schritt ein Rest. Dieser Rest ist kleiner als 7, denn sonst hätte man nicht vollständig geteilt. Das heißt, es treten als Reste nur die Zahlen 1 bis 6 auf. Nach spätestens 6 Schritten muss sich also ein Rest wiederholen, und dann wiederholt sich die Reihe der Reste immer wieder. Tatsächlich ist $1/7 = 0{,}142857142857\ldots = 0{,}\overline{142857}$.

Das bedeutet: Brüche, das heißt die sogenannten rationalen Zahlen, entsprechen in der Welt der Dezimalbrüche den endlichen und den periodischen Dezimalbrüchen. Demgegenüber ist jeder nichtperiodische, unendliche Dezimalbruch eine irrationale Zahl.

Simon Stevin ist übrigens auch über das Problem der unendlichen Dezimalbrüche gestolpert. Für ihn war das aber kein Problem. Er hat einen praktischen Rat: In einem solchen Fall soll man so weit gehen, wie es die Sache erfordert, und den Überschuss vernachlässigen.

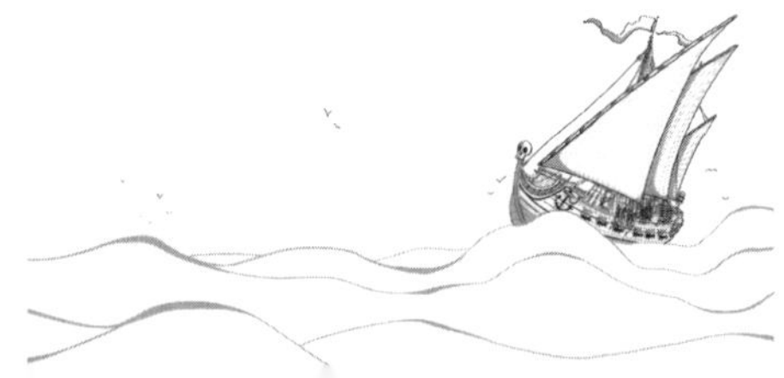

0,000...

Ein Hauch von Nichts

«Hans im Glück» ist ein Märchen der Brüder Grimm, das aufgrund seiner Moral vor allen anderen Märchen hervorsticht: Hans bekommt als Lohn für eine siebenjährige Arbeit einen Klumpen Gold so groß wie sein Kopf. Der Klumpen Gold wird ihm bald zu schwer und er tauscht ihn gegen ein Pferd ein. Das setzt sich aber so stark in Trab, dass es ihn abwirft. Daher tauscht Hans das Pferd gegen eine Kuh, mit der er ruhig weiterschreitet. Als er aber die Kuh melken will, versetzt sie ihm einen Tritt, so dass er zu Boden taumelt. Daraufhin tauscht er die Kuh gegen ein junges Schwein. Ein Bursche, der sich beim Wandern zu ihm gesellt, macht ihm das Schwein madig, und so tauscht Hans das Schwein gegen eine Gans. Als er einen Scherenschleifer trifft, tauscht er die Gans gegen einen Wetzstein. Schließlich setzt er sich auf einen Brunnenrand und legt den Stein neben sich. Als er trinken will, stößt er an den Stein, so dass dieser in den Brunnen fällt.

Wir heute denken, dass Hans der größte Loser ist, weil er jedes Mal ein schlechtes Geschäft macht und sich sein Lohn im Nu in Nichts auflöst. Das Märchen hat aber eine ganz andere Haltung. Hans ruft nämlich: «So glücklich wie ich gibt es keinen Menschen unter der Sonne», und «mit leichtem Herzen und frei von aller Last sprang er nun fort, bis er zu Hause bei seiner Mutter war».

Wir können kaum der Versuchung widerstehen auszurechnen, wie dramatisch sich die Verluste von Hans entwickeln. Nehmen wir den Wert des Goldklumpens als 1 an. Ein Pferd hat vielleicht ein Zehntel des Wertes des Goldes, eine Kuh wiederum ist ein Zehntel so viel wert wie ein Pferd, also ein Hundertstel oder 0,01 des Goldklumpens. Der Wert des Schweins beträgt ein Zehntel des Wertes der Kuh, also 0,001 des Goldklumpens, und so geht es weiter. Die Gans hat einen Wert von 0,0001 und der Wetzstein einen Wert von nur noch 0,00001 des Goldklumpens.

In der Mathematik lassen sich mit Dezimalbrüchen von der Art 0,000…1 tatsächlich winzigste Zahlen beschreiben. Allerdings ist es mühsam und fehleranfällig, die Nullen zu zählen. Für dieses Problem gibt es zwei Lösungsansätze.

Zum einen kann man Wörter benutzen, zum Beispiel Milli, Mikro und Nano. Milli bedeutet ein Tausendstel: Der Wert des Schweins ist ein Milli-Goldklumpen. Mikro ist ein Millionstel; der Wert des Wetzsteins ist 10 Mikro-Goldklumpen. Nano bedeutet schließlich ein Milliardstel.

Die andere Möglichkeit besteht darin, die 0,000…-Schreibweise beizubehalten, aber deutlich zu kennzeichnen, wann die Nullen aufhören. Dafür notiert man, an welcher Nachkommastelle zum ersten Mal eine von 0 verschiedene Ziffer erscheint. Ist dies an der dritten Stelle nach dem Komma der Fall, schreiben wir dafür 10^{-3}. Genauer gesagt ist 10^{-3} gleich der Zahl 0,001. Die Zahl 10^{-5} ist gleich 0,00001; denn die Eins steht an der fünften Nachkommastelle. Diese Darstellung sieht auf den ersten Blick merkwürdig aus, tatsächlich ist sie aber die beste Art, winzige Zahlen übersichtlich zu beschreiben.

Eines der stärksten Gifte ist Botulinumtoxin, das auch unter dem Handelsnamen Botox bekannt ist. Beim Menschen ist bereits eine Dosis von 1 Nanogramm Botox pro Kilogramm Körpergewicht tödlich. Die Dosierung, die in der Medizin und in der Kosmetik Anwendung findet, ist 1000 Mal kleiner und liegt im Bereich von 1 Picogramm, also 10^{-12} Gramm.

Noch viel kleinere Zahlen begegnen uns in der Homöopathie. Jedes homöopathische Medikament hat einen Namen, der den Inhalt bezeichnet, und eine Buchstaben-Zahlen-Kombination, die die Verdünnung beschreibt. Zum Beispiel bedeutet «Nux vomica D6», dass die «Urtinktur» um den Faktor 10^6 verdünnt wurde. Der Buchstabe D steht dabei für Zehnerpotenzen; D6 bedeutet als Verdünnung das Gleiche wie 10^{-6}. Bei einem D12-Medikament ist von der Urtinktur nur ein Anteil von 10^{-12}, das heißt ein Billionstel, vorhanden. Es gibt auch die C-Reihe, dort erfolgt schrittweise eine Verdünnung um den Faktor 100. Bei Arnica C30 haben wir somit eine Verdünnung um den Faktor $100^{30} = 10^{60}$. Da in einem Liter Wasser insgesamt nur etwa 10^{24} Moleküle enthalten sind, befindet sich in Arnica C30 mit an Sicherheit grenzender Wahrscheinlichkeit kein einziges Molekül der Urtinktur.

Allerdings spricht man in der Homöopathie nicht von Verdünnen, sondern fasst den Vorgang als «Potenzierung» auf. Bei Arnica C30 werden auf die Urtinktur 30 Potenzierungsschritte angewendet. Dabei wird jedes Mal die bisherige Tinktur zunächst auf das Hundertfache verdünnt und dann «verschüttelt», das heißt mit zehn starken «Schüttelstößen» gegen einen harten, aber elastischen Körper, wie etwa ein Buch mit Ledereinband, gestoßen.

Über die Wirksamkeit homöopathischer Mittel und gegebenenfalls den Nachweis dieser Wirkung herrscht keine Einigkeit. Die Fronten sind klar: Die Vertreter der Homöopathie sprechen von Potenzierung und meinen damit die Potenz (= Kraft, Energie), die durch das Verschütteln erzeugt wird. Durch die Potenzierung nimmt die materielle Substanz ab, nach homöopathischer Überzeugung die Heilwirkung des Mittels aber zu. In der Tat kann man die Verdünnungen in Potenzen beschreiben. Bei C30 handelt es sich um die Potenzen 10^{-2}, 10^{-4}, …, 10^{-60}.

Aufgeklärte Naturwissenschaftler weisen nachdrücklich darauf hin, dass erstens der mathematische Begriff der Potenz nur eine äußerliche Ähnlichkeit mit der Potenz im Sinne von «Kraft, Macht, Energie» hat und dass zweitens die Potenzen negative Potenzen sind. Aus naturwissenschaftlicher Sicht sind die negativen Potenzen geradezu ein Beweis dafür, dass die Mittel keine Wirkung haben können.

Beide Seiten, Befürworter und Gegner der Homöopathie, stimmen aber darin überein, dass die mögliche Wirkung eines homöopathischen Medikaments nicht auf die eventuell darin enthaltene Substanz zurückzuführen ist und nicht mit Zahlen erklärt werden kann.

~~~~~~~~~~~~~~~~

Was ist 0,999…? Die meisten Mathematiker «wissen», dass 0,999… = 1 ist. Einige wenige Mathematiker, aber auch die meisten Nichtmathematiker können das jedoch nicht glauben und sind genauso stark davon überzeugt, dass die Zahl 0,999… (die man auch als $0,\overline{9}$ schreibt) eigentlich ein bisschen kleiner als 1 sein müsste.

Wie kann man dieses Dilemma auflösen? Wir müssen vor allem klären, welche Zahl 0,999… sein soll. Dazu schauen wir uns zunächst die Zahl 0,9, dann die Zahl 0,99, dann 0,999 an und so weiter. Die Zahlen dieser Folge sind immer bessere Annäherungen an die ominöse Zahl 0,999…

Kann 0,999… kleiner als 1 sein? Vielleicht um ein Millionstel, also um 10^{-6}, kleiner als 1? Das ist nicht möglich, denn zum Beispiel unterscheidet sich die Zahl 0,999999999
~~~~~~~~~~~~~~~~

(und alle weiteren Zahlen der Folge) um weniger als ein Millionstel von 1.

Mathematisch drückt man das so aus: Gegeben sei eine beliebig winzige Zahl. Dann ist ab einer gewissen Stelle jede Zahl der Folge 0,9; 0,99; 0,999; näher an 1 als die winzige Zahl. In diesem Fall sagt man auch, die Folge «konvergiert gegen» 1.

Nun gibt es zwei Denkmöglichkeiten: Die weitaus überwiegende Mehrheit der Mathematiker sagt: «Mit 0,999… meinen wir den Grenzwert. Da dieser 1 ist, gilt 0,999… = 1.» Eine kleine Minderheit gibt zu bedenken: Man könnte auch sagen, dass sich 0,999… ein winziges bisschen von 1 unterscheidet; nicht um eine normale Zahl, sondern um eine «infinitesimale» Größe. Infinitesimale Zahlen sind «Zahlen», die sich von 0 um weniger als jeden Dezimalbruch der Form 10^{-k} unterscheiden. Kaum vorstellbar, und doch lässt sich auch mit dieser «Nichtstandard-Mathematik» rechnen. Und, o Wunder, auch diese ist logisch konsistent, genauso konsistent wie die traditionelle Mathematik.

$\sqrt{2}$

Die irrationale Zahl par excellence

Ein Quadrat zu zeichnen ist einfach. Und nichts ist einfacher, als zwei gegenüberliegende Ecken des Quadrats durch eine Strecke, die Diagonale, zu verbinden.

Die Diagonale eines Quadrats spielt die heimliche Hauptrolle in der ersten Unterrichtsszene der Weltliteratur. In seinem Dialog *Menon* beschreibt der Philosoph Platon (ca. 400 v. Chr.) eine Szene, in der ein Junge lernt, wie man aus einem Quadrat ein doppelt so großes konstruiert. Nach einigen Irrwegen, von denen ihn der Gesprächspartner Sokrates durch geschickte Fragen wieder abbringt, kommt der Junge zu einer Lösung, die man wie folgt beschreiben kann:

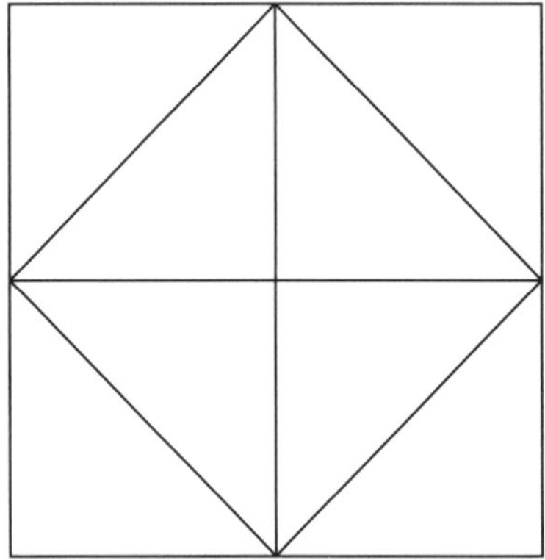

Man zeichnet das Ausgangsquadrat vier Mal auf, so dass ein Quadrat doppelter Kantenlänge und vierfachen Inhalts entsteht. Wenn man jetzt in jedes Quadrat die Diagonale zeichnet, die nicht durch eine Außenecke geht, erhält man ein auf der Spitze stehendes Quadrat, das genau den doppelten Flächeninhalt wie das ursprüngliche hat. Denn die Diagonalen halbieren jedes der vier kleinen Quadrate.

So einfach die Diagonale eines Quadrats aus geometrischer Sicht ist, so aufregend ist sie, wenn wir sie zahlenmäßig zu erfassen versuchen. Mit der Frage nach der Länge einer Diagonale des Quadrats betreten wir eine neue Welt.

Betrachten wir noch einmal die Konstruktion des Quadrats mit doppeltem Flächeninhalt. Wir können festlegen, dass die Seitenlänge des Ausgangsquadrats die Länge 1 hat. Dann hat das neue Quadrat den Flächeninhalt 2. Wenn wir die Länge g der Grundseite des neuen Quadrats kennen würden, könnten wir seinen Flächeninhalt auch anders berechnen, nämlich als g mal g. Wir suchen also die Zahl g, für die gilt: g mal g gleich 2. Diese Zahl nennt man $\sqrt{2}$ («Wurzel 2»). Somit ist $\sqrt{2}$ die Zahl, die, mit sich selbst multipliziert, 2 ergibt.

Durch unterschiedliche Methoden, zum Beispiel genaues Messen, kann man herausbekommen, wie groß $\sqrt{2}$ ungefähr ist: $\sqrt{2}$ ist ungefähr gleich 1,4. Wir wollen es aber genau wissen. Dabei stößt man auf das Phänomen, dass man $\sqrt{2}$ zwar immer genauer bestimmen kann, dass man damit aber nie an ein Ende kommt. Die Zahl $\sqrt{2}$ ist weder ein Bruch (zum Beispiel 47/33) noch ein endlicher Dezimalbruch (zum Beispiel 1,41). Vielmehr ist die Zahl $\sqrt{2}$ eine irrationale Zahl! Das bedeutet, dass es keine natürlichen Zahlen a und b gibt, so dass $\sqrt{2}$ gleich dem Bruch a/b ist.

Wie kann man sich das klarmachen? Es ist einfach zu zeigen, dass $\sqrt{2}$ nicht exakt gleich 47/33 ist. Denn 47/33 mal 47/33 ist 2,028; das ist fast 2, aber eben nur fast. Das reicht allerdings als Beweis nicht. Dieses Beispiel zeigt nur, dass $\sqrt{2}$ nicht gleich dem speziellen Bruch 47/33 ist; man muss aber zeigen, dass $\sqrt{2}$ verschieden von *jedem* Bruch ist.

Der Beweis, dass $\sqrt{2}$ keine Bruchzahl sein kann, ist ein Glanzstück der Mathematik; wir finden es schon in den *Elementen* des Euklid (ca. 300 v. Chr.).

Der Beweis läuft prinzipiell so ab, dass wir annehmen, dass $\sqrt{2}$ exakt gleich einem Bruch a/b ist, und zeigen, dass daraus logisch zwei einander widersprechende Aussagen folgen. Da dies nicht sein kann, muss die Annahme, dass $\sqrt{2} = a/b$ ist, falsch sein.

Wir können annehmen, dass der Bruch a/b schon maximal gekürzt ist. Das heißt auch, dass nicht beide Zahlen gerade sein können. Diese Beobachtung ist eine der beiden einander widersprechenden Aussagen. Wir werden jetzt noch zeigen, dass sowohl a als auch b gerade sein müssen. Das ist dann der gesuchte Widerspruch.

Wenn $\sqrt{2} = a/b$ ist, ergibt der Bruch a/b mit sich selbst multipliziert die Zahl 2. Das heißt $a/b \cdot a/b = 2$. Wenn man beide Seiten mit dem Nenner $b \cdot b$ multipliziert, ergibt sich die entscheidende Gleichung $a \cdot a = 2b \cdot b$.

Der Trick besteht jetzt darin, unsere Aufmerksamkeit ausschließlich darauf zu konzentrieren, ob die Zahlen a und b gerade sind.

Zunächst betrachten wir die rechte Seite der Gleichung $2b \cdot b$. Dies ist eine gerade Zahl, nämlich 2 mal die natürliche Zahl $b \cdot b$.

Also muss auch die linke Seite der Gleichung, das heißt die Zahl $a \cdot a$, eine gerade Zahl sein. Daraus ergibt sich, dass a gerade ist. (Denn wäre a ungerade, dann wäre $a \cdot a$ nach der Regel «ungerade mal ungerade ist ungerade» auch ungerade.) Also wird die Zahl $a \cdot a$ durch 4 geteilt, da in jedem der Faktoren von $a \cdot a$ die Zahl 2 steckt.

Jetzt schauen wir wieder die rechte Seite an. Da die linke Seite eine Zahl ist, die durch 4 teilbar ist, ist auch die rechte Seite, das heißt die Zahl $2b \cdot b$, durch 4 teilbar. Dann ist 2 immer noch ein Teiler von $b \cdot b$. Daraus folgt wie vorher, dass 2 auch die Zahl b teilt. Also ist auch b gerade.

Dies ist der zweite Satz des Widerspruchs.

Mit ganz ähnlichen Schlussweisen kann man zeigen, dass auch die Zahlen $\sqrt{3}$, $\sqrt{5}$, $\sqrt{6}$, $\sqrt{7}$, … irrationale Zahlen sind. Genauer gesagt: $\sqrt{n}$ ist immer eine irrationale Zahl – es sei denn, dass n selbst eine Quadratzahl ist. Anders gesagt: Für jede Nichtquadratzahl n ist $\sqrt{n}$ eine irrationale Zahl. Also gibt es unendlich viele irrationale Zahlen.

Am 25. Oktober 1786 äußerte der Göttinger Mathematiker und Philosoph Georg Christoph Lichtenberg (1742–1799) in einem Brief an Johann Beckmann folgenden Gedanken: «Ich gab einmal einem jungen Engländer, den ich in Algebra unterrichtete, die Aufgabe auf, einen Bogen Papier zu finden, bey dem alle Formate als forma patens, folio, 4to, 8, 16, einander ähnlich wären. … Die kleine Seite des Rechtecks muß sich nämlich zu der großen verhalten wie $1 : \sqrt{2}$ oder wie die Seite des Quadrats zu seiner Diagonale.»

Das ist die Grundidee des DIN-Formats, die der Nobelpreisträger Wilhelm Ostwald (1853–1932) konzipierte und «Weltformat» nannte. Sein Schüler, der Berliner Ingenieur und Mathematiker Dr. Walter Porstmann, entwickelte die Idee weiter. Seit ihrer Veröffentlichung im Jahre 1922 hat sie sich (fast) weltweit durchgesetzt. Die Idee heißt: Wenn man ein Papier im DIN-Format entlang der Verbindungslinie der Mittelpunkte der langen Seiten faltet, entsteht wieder ein Papier im DIN-Format, also eines, das ähnlich zum Original ist. «Ähnlich» bedeutet, dass die Verhältnisse der langen zur kurzen Seite bei beiden Rechtecken gleich sind.

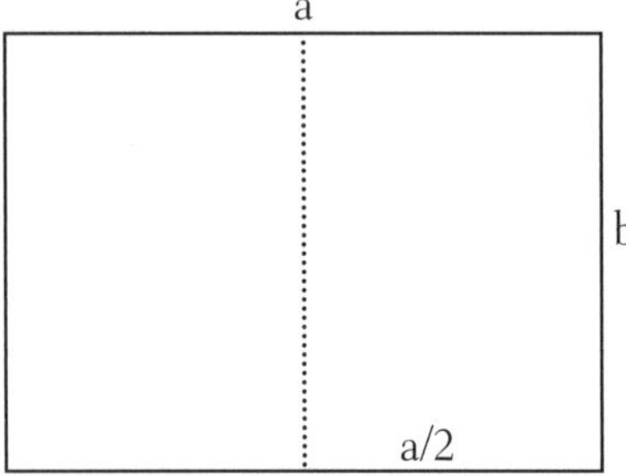

Mit diesen Informationen kann man – wie schon Lichtenberg – das Verhältnis der Seitenlängen bestimmen: Wenn a die Länge der langen und b die Länge der kurzen Seite des Rechtecks bezeichnen, so ist dessen Seitenverhältnis $a:b$. Das Längenverhältnis der Seiten im halben Rechteck ist $b:a/2$. Da diese beiden Verhältnisse gleich sein sollen, gilt also $a:b = b:a/2$. Daraus ergibt sich $a^2 = 2 \cdot b^2$. Das heißt, $a = \sqrt{2} \cdot b$.

Mit anderen Worten, die lange Seite ist das $\sqrt{2}$-Fache der kurzen. Beim DIN-Format sind die Größen nummeriert: A5 entsteht aus A4 durch Halbierung. Wenn man jetzt noch festlegt, dass A0 genau einen Quadratmeter groß sein soll, hat man alles bestimmt.

$\sqrt[3]{2}$

Die Verdoppelung des Würfels

Um das Jahr 430 v. Chr. herrschte auf der griechischen Insel Delos, wie im gesamten Herrschaftsbereich von Athen, eine furchtbare Seuche, die ein Viertel der Bevölkerung dahinraffte. Die Bewohner der Insel Delos (die Delier) wussten sich keinen anderen Rat, als das Orakel um Rat zu fragen.

Das Orakel wurde durch eine Priesterin verkörpert, die Pythia genannt wurde. Nach einer rituellen Waschung an einer heiligen Quelle ging sie in den Tempel des Gottes Apollo und trat vor den Altar. Dort gelangte sie, das war Überzeugung der Delier, in Kontakt mit Apollo und konnte ihnen anschließend die Gedanken und Ratschläge des Gottes mitteilen.

Die Antwort der Pythia war die folgende: Die Delier sollten einen Altar bauen, der genau doppelt so groß war wie der existierende.

Die Antwort war dunkel und stand in keinem offensichtlichen Zusammenhang mit der Seuche, aber die Delier versuchten, die Anforderung des Orakels so gut wie möglich, sozusagen in vorauseilendem Gehorsam gegenüber Apollo, zu erfüllen.

Ihnen war klar, dass die Verdoppelung des Altars nicht darin bestehen konnte, einfach einen zweiten Altar danebenzusetzen. Apollo erwartete sicher einen Altar, der nicht nur das doppelte Volumen, sondern auch die gleiche Gestalt wie der ursprüngliche hatte. Da der Altar würfelförmig war, konnten sie nun ihr Problem geometrisch formulieren: Konstruiere zu einem gegebenen Würfel einen zweiten Würfel, der genau das doppelte Volumen hat.

Die Delier kannten sicher das entsprechende ebene Problem, nämlich die Verdoppelung eines Quadrats, das auf die Konstruktion einer Strecke der Länge $\sqrt{2}$ hinauslief.

Ein Würfel, dessen Grundseite die Länge g hat, hat das Volumen $g \cdot g \cdot g$. Zum Beispiel hat ein Würfel der Seitenlänge 1 auch das Volumen 1; denn $1 \cdot 1 \cdot 1 = 1$. Um einen Würfel des doppelten Volumens, das heißt des Volumens 2, zu erhalten, muss man eine Strecke konstruieren, für deren Länge g gilt $g \cdot g \cdot g = 2$ oder in mathematischer Kurzschrift $g^3 = 2$. Diese Zahl g hat also die Eigenschaft, dass ihre dritte Potenz gleich 2 ist. Man bezeichnet diese Zahl mit $\sqrt[3]{2}$ («dritte Wurzel aus 2»).

Man kann leicht ausrechnen, dass $\sqrt[3]{2}$ zwischen 1,25 und 1,26 liegt. Denn es ist $(1{,}25)^3 \approx 1{,}95$ und $(1{,}26)^3 \approx 2{,}0004$. Aber Apollo wollte eine exakte Lösung ohne jeden Abstrich, und, da waren sich die Delier sicher, eine Konstruktion dieser Strecke mit Zirkel und Lineal.

In ihrer Not wandten sich die Delier an die Akademie des Philosophen Platon (428/27–348/47 v. Chr.), die damals *die* Autorität (nicht nur) in Sachen Mathematik war.

Die Mathematiker der Akademie fanden vermutlich schnell heraus, dass die Zahl $\sqrt[3]{2}$ eine irrationale Zahl, also keine Bruchzahl, ist. Das half ihnen bei diesem Problem allerdings nicht weiter, denn viele irrationale Zahlen können mit Zirkel und Lineal konstruiert werden, zum Beispiel $\sqrt{2}$. Aber eine Konstruktion für eine Strecke der Länge $\sqrt[3]{2}$ fanden die Wissenschaftler an der Akademie Platons nicht. Heute wissen wir, dass sie keine Lösung finden konnten.

Die antiken Mathematiker mühten sich sehr, das Problem zu lösen. Aber für alle Lösungen, die sie fanden, benötigten sie über Zirkel und Lineal hinaus weitere Hilfsmittel. Irgendwann stellte sich die Frage, ob man überhaupt eine Strecke der Länge $\sqrt[3]{2}$ alleine mit Zirkel und Lineal konstruieren kann.

Nun ist es prinzipiell schwierig nachzuweisen, dass irgendein Problem *nicht* lösbar ist. Es reicht dazu nicht, das Problem nicht gelöst zu haben. Es genügt auch nicht, immer wieder neue vergebliche Versuche zu machen. Mit den unendlich vielen Möglichkeiten, das Problem anzugehen, wird man in einem endlichen Leben nicht fertig. Daher muss man die unendlich vielen vorstellbaren Ansätze mit einem Schlag behandeln.

Dies wurde erst möglich, als man geometrische Aufgaben auch als Aufgaben über Zahlen ausdrücken, kurz, als man geometrische Probleme in Algebra übersetzen konnte.

Die Grundlage dazu legte der große französische Philosoph und Mathematiker René Descartes (1596–1650), etwa 2000 Jahre nachdem die Delier das Problem der Verdoppelung des Würfels gestellt hatten. In seiner Abhandlung *La géometrie*, die 1637 als Anhang seines *Discours de la Méthode* erschien, hat er die «analytische Geometrie» begründet.

Die analytische Geometrie verbindet die Geometrie mit der Algebra. Jeder Punkt wird durch Zahlen dargestellt: in der Ebene durch zwei Koordinaten, im Raum durch drei. Und jedes geometrische Objekt wird durch eine Gleichung (oder durch mehrere Gleichungen) beschrieben. Das ist uns allen wohlvertraut: Ein Kreis wird durch eine Gleichung des Typs $x^2 + y^2 = r^2$ dargestellt; das heißt, dass ein Punkt genau dann auf dem Kreis liegt, wenn seine Koordinaten $(x \mid y)$ die Gleichung $x^2 + y^2 = r^2$ erfüllen.

Dieser Ansatz eröffnet völlig neue Möglichkeiten, denn man kann geometrische Probleme durch Rechnen lösen. Ja, man kann jedes geometrische Problem in eine algebraische

Frage übersetzen. Unsere Frage an die Algebra lautet nun: Kann man der Zahl $\sqrt[3]{2}$ «ansehen», ob eine Strecke mit dieser Länge konstruierbar ist?

Diese Frage wurde erst 200 Jahre nach Descartes beantwortet, als man die «konstruierbaren Zahlen» insgesamt unter algebraischen Gesichtspunkten betrachtete.

Wir stellen uns vor, dass eine Strecke der Länge 1 gegeben ist, und fragen uns, welche anderen Streckenlängen man damit – nur mit Hilfe von Zirkel und Lineal – konstruieren kann.

- Es ist klar, dass man Strecken der Längen 2, 3, 4, ... konstruieren kann. Es ist auch nicht schwierig, Strecken der Längen 1/2, 2/3 und so weiter zu konstruieren. Genauer: Alle natürlichen Zahlen und alle positiven Bruchzahlen sind konstruierbar.
- Wenn man Kreise verwendet, kann man auch Quadratwurzeln konstruieren. Zum Beispiel schneidet der Kreis um den Nullpunkt mit Radius 2 die Winkelhalbierende in den Punkten $(\sqrt{2}, \sqrt{2})$ und $(-\sqrt{2}, -\sqrt{2})$. Auf diese Weise kann man alle Quadratwurzeln aus positiven Zahlen konstruieren.
- Man kann auch Wurzeln aus einer Quadratwurzel konstruieren, das sind vierte Wurzeln. Auch Quadratwurzeln aus einer vierten Wurzel sind möglich; das ergibt achte Wurzeln. Man kann auch die achte Wurzel aus der Summe einer Quadratwurzel und einer vierten Wurzel konstruieren und so weiter. Man erhält auf diese Weise aber keine dritten Wurzeln, keine fünften Wurzeln, keine sechsten und so weiter. Wirklich gut beschreiben konnte man diese Beobachtungen erst mit der Algebra, die im 18. und 19. Jahrhundert entwickelt worden war.

Den Schlusspunkt setzte der französische Mathematiker Pierre Wantzel (1814–1848). Er bewies im Jahre 1837, dass die Zahl $\sqrt[3]{2}$ nicht konstruierbar ist. Und dazu zeigte er, dass man – auch auf noch so verschlungenen Wegen – dritte Wurzeln nicht konstruieren kann.

~~~~~~~~~~~~~~~~~~~~

Das Problem der Verdoppelung des Würfels, das auch «Delisches Problem» genannt wird, gehört zu den berühmten drei «ungelösten Problemen der antiken Mathematik». Die beiden anderen sind die berüchtigte «Quadratur des Kreises» und die Dreiteilung des Winkels.

All diese Probleme fordern eine exakte Konstruktion, keine Näherungslösung, und sie beschränken radikal die Hilfsmittel: nur Zirkel und Lineal. Das bedeutet: Man darf schon konstruierte Punkte durch eine Gerade verbinden («Lineal»), man darf einen Kreis um einen schon konstruierten Mittelpunkt mit einem schon konstruierten Radius zeichnen («Zirkel»). Dadurch werden die Schnittpunkte dieser Geraden und Kreise konstruiert; dies sind neue Punkte, mit denen man weiterarbeiten kann.

Die genaue Formulierung der beiden Probleme lautet:

Quadratur des Kreises: Gegeben sei ein Kreis. Konstruiere nur mit Zirkel und Lineal ein Quadrat, das exakt den gleichen Flächeninhalt hat! Wenn der Kreis den Radius 1 hat, geht es darum, eine Strecke der Länge $\sqrt{\pi}$ zu konstruieren.

Dreiteilung des Winkels: Gegeben sei ein beliebiger Winkel. Konstruiere nur mit Zirkel und Lineal einen Winkel, dessen Größe genau ein Drittel der Größe des Ausgangswinkels beträgt.

Diese Probleme sind nicht nur ungelöst, sondern – wie die Verdoppelung des Würfels – unlösbar! Bei der Quadratur des Kreises liegt das daran, dass die Kreiszahl π eine transzendente Zahl ist; dies hat der deutsche Mathematiker Ferdi-
~~~~~~~~~~~~~~~~~~~~

nand Lindemann 1882 bewiesen (vgl. Kap. «π. Die geheimnisvolle Transzendente», S. 179). Die Dreiteilung von Winkeln ist im Allgemeinen nicht möglich, da Wantzel 1837 auch gezeigt hat, dass man keinen Winkel von 20 Grad konstruieren kann; also kann man den Winkel von 60 Grad nicht dritteln.

φ

Der Goldene Schnitt

Der Goldene Schnitt ist eine Zahl, die lange Zeit innerhalb der Mathematik eine seriöse und geschätzte Rolle spielte, die dann aber, völlig unerwartet, zu einem Star wurde und eine steile Karriere machte.

Von Hause aus bezeichnet der Goldene Schnitt einen Punkt auf einer Strecke, der diese in einem bestimmten Verhältnis teilt. Dabei werden die gesamte Streckenlänge, der größere Abschnitt und der kleinere in eine Beziehung gesetzt. Genau gesagt spricht man dann vom Goldenen Schnitt, wenn zwei Verhältnisse gleich sind: zum einen das «äußere» Verhältnis von Gesamtlänge zum größeren Teil und zum anderen das «mittlere» Verhältnis von größerem zu kleinerem Teil. Kurz:

$$\frac{\text{Gesamtlänge}}{\text{größerer Teil}} = \frac{\text{größerer Teil}}{\text{kleinerer Teil}}$$

M («Major») m («minor»)

S

Traditionell bezeichnet man den größeren Abschnitt mit M (lat. *major*, größer) und den kleineren mit m (lat. *minor*, kleiner). Dann ist die Gesamtlänge gleich M + m, und die beiden Verhältnisse lauten (M + m)/M und M/m. Daher wird die

Strecke im Goldenen Schnitt geteilt, wenn folgende Gleichung gilt:

$$\frac{M+m}{M} = \frac{M}{m}$$

Das ist eine Definition. Damit ist aber noch nicht geklärt, ob es einen solchen Schnitt überhaupt gibt und wo der Teilungspunkt gegebenenfalls liegt. Das kann man aber zum Glück mit obiger Gleichung ausrechnen.

Das geht so: Wir schreiben die linke Seite als Summe von zwei Summanden und multiplizieren die Gleichung dann mit M/m:

$$\frac{M}{m} = \frac{M+m}{M} = \frac{M}{M} + \frac{m}{M} = 1 + \frac{m}{M}$$

Also:

$$\left(\frac{M}{m}\right)^2 = \frac{M}{m} + 1$$

Wenn wir das gesuchte Verhältnis M/m kurzfristig mit x bezeichnen, lautet die obige Gleichung $x^2 = x + 1$ beziehungsweise $x^2 - x - 1 = 0$. Diese quadratische Gleichung hat als positive Lösung $(\sqrt{5} + 1)/2$.

Auch diese Zahl nennt man Goldener Schnitt und bezeichnet sie mit φ («phi»). Wenn man die Zahl ausrechnet, ergibt sich $\varphi \approx 1{,}618$.

Damit lässt sich nun berechnen, welchen Anteil der größere Streckenabschnitt M an der Gesamtstrecke einnimmt. Dieser Anteil ist gleich $M/(M+m) = \varphi^{-1}$. Nun hat die Zahl φ die phantastische Eigenschaft, dass für sie gilt $\varphi^{-1} = \varphi - 1$. Also ist $M/(M+m) = \varphi - 1 \approx 0{,}618$. Das bedeutet, dass der Goldene Schnitt bei etwa 61,8 Prozent der Gesamtstrecke liegt.

Man kann den Goldenen Schnitt nicht nur ausrechnen, sondern auch konstruieren. Es gibt zahlreiche Konstruktionen, die zum Teil schon in der Antike bekannt waren. Eine der überraschendsten Konstruktionen geht auf den amerikanischen Künstler George Odom (1941–2010) zurück, der zur Zeit der Entdeckung seiner Konstruktion 1982 als Patient im Hudson River Psychiatric Center lebte.

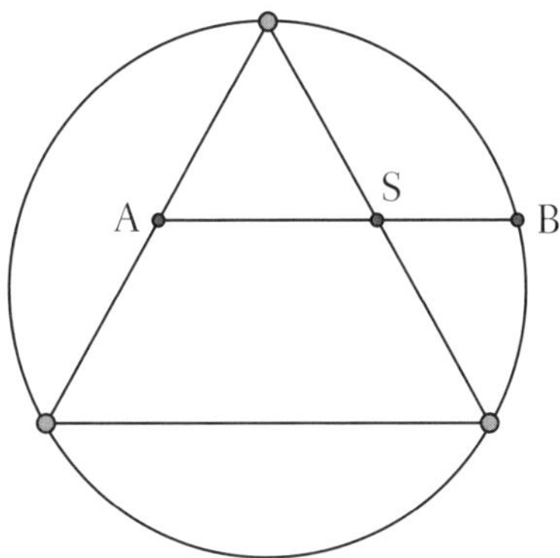

Man zeichnet in ein gleichseitiges Dreieck eine Mittellinie AS ein und verlängert diese, bis sie den Umkreis des Dreiecks in einem Punkt B trifft. Dann teilt S die Strecke AB im Goldenen Schnitt.

Die spektakulärste und wichtigste Erscheinungsform des Goldenen Schnitts ist aber das reguläre Fünfeck (vgl. Kap. «5. Die Zahl der Natur», S. 31). Dort zeigt sich der Goldene Schnitt in zweierlei Weise.

- Wenn sich zwei Diagonalen in einem inneren Punkt schneiden, dann teilt dieser jede der beiden Diagonalen im Goldenen Schnitt.
- Das Verhältnis der Länge d einer Diagonale und der Länge a einer Seite ist gleich φ. Anders formuliert: $d = \varphi a$.

Wenn man den Goldenen Schnitt kennt, kann man umgekehrt auch ein reguläres Fünfeck konstruieren.

Zu den Besonderheiten des Goldenen Schnitts gehört, dass die Zahl $\varphi = (\sqrt{5}+1)/2$ eine irrationale Zahl, also keine Bruchzahl, ist. Wir können das heute an dem Wurzelzeichen erkennen. In der Tat hat schon Hippasos von Metapont, ein Schüler des Pythagoras, rein geometrisch am Fünfeck nachgewiesen, dass der Goldene Schnitt keine Bruchzahl sein kann. Damit ist diese Zahl die erste irrationale Zahl, die die Menschheit als solche wahrgenommen hat.

Der Goldene Schnitt wurde in der Mathematik schon immer geachtet, von manchen sogar hochgepriesen. Er wurde gelobt, weil man mit seiner Hilfe das Fünfeck und die darauf aufbauenden Körper Dodekaeder und Ikosaeder konstruieren kann.

Bei Euklid hieß der Teilungspunkt wenig aufsehenerregend «Teilung im äußeren und mittleren Verhältnis». Etwa 1800 Jahre später spricht Luca Pacioli (1445–1514/17) von der «divina proportio», dem göttlichen Verhältnis. Und Johannes Kepler hebt den Goldenen Schnitt ganz hoch an den mathematischen Himmel. In seinem *Mysterium Cosmographicum* schreibt er: «Die Geometrie besitzt zwei große Schätze: Der eine betrifft die Beziehung von Hypotenuse und den Seiten eines rechtwinkligen Dreiecks [damit meint Kepler den Satz des Pythagoras], der andere die Teilung einer Strecke nach dem äußeren und mittleren Verhältnis [das ist der Goldenen Schnitt].» An einer späteren Stelle sagt er, man könne den Satz des Pythagoras mit einem Goldstück, den Goldenen Schnitt aber mit einem Juwel vergleichen.

Der Begriff «Goldener Schnitt» taucht zum ersten Mal 1835 in einem Lehrbuch des deutschen Mathematikers Martin Ohm (1792–1872) in einer Fußnote auf. Daraufhin wurde dieser Name sehr schnell populär und war bereits um 1860 Allgemeingut.

Aber all das spielte sich innerhalb der Mathematik ab.

Es war der Politiker und Schriftsteller Adolf Zeising (1810–1876), der mit seinem 1854 erschienenen Buch *Neue Lehre von den Proportionen des menschlichen Körpers* und zahlreichen darauffolgenden Schriften dem Goldenen Schnitt völlig neue Anwendungsbereiche erschloss und einen wahren Hype auslöste, der bis heute anhält.

Zeising hält sich nicht mit Kleinigkeiten auf, sondern vertritt die Überzeugung, dass der Goldene Schnitt «das Grundprinzip aller nach Schönheit und Totalität drängenden Gestaltung im Reich der Natur wie im Gebiet der Kunst» sei.

Zeising und seine Nachfolger entdeckten den Goldenen Schnitt überall. Zuerst, wie der Titel des Buches verspricht, am menschlichen Körper. Wo immer der Körper einen Ansatzpunkt bietet, setzt Zeising den goldenen Zirkel an – und «sieht» dann, dass der menschliche Körper als Ganzes, aber auch in jedem Detail (Gesicht, Arme, Finger, Beine, ...) nach dem Goldenen Schnitt aufgebaut ist. Besonders spektakulär ist die Behauptung, dass der Bauchnabel die Körpergröße im Goldenen Schnitt teilt.

Von da ist es für Zeising nur ein kleiner Schritt in die Kunst. Denn in der Kunst werden, so die Überzeugung Zeisings, die Menschen in Idealproportionen dargestellt. Und da der Mensch nach dem Goldenen Schnitt gebaut ist, muss alles, was der Mensch als schön empfindet, auch vom Goldenen Schnitt bestimmt sein.

Zeising konzentrierte sich zunächst vor allem auf antike Kunst und Architektur, so betrachtete er zum Beispiel die Venus von Milo (ca. 100 v. Chr.) und andere klassische Statuen sowie den Parthenon auf der Akropolis in Athen, bei dem sich Breite und Höhe, aber auch viele andere Proportionen im Goldenen Schnitt verhalten sollen.

Die Jünger und Nachfolger Zeisings erweitern den Blick auf herausragende Werke der europäischen Kunst. Sie sehen den Goldenen Schnitt an zahlreichen Objekten: Beim *Heuwagen* von Hieronymus Bosch (1490), bei Raffaels *Triumph der Galatea* (1512) und der *Sixtinischen Madonna* (1512/13), bei Albrecht Dürers *Selbstbildnis im Pelzrock* (um 1500) und natürlich bei der *Mona Lisa* von Leonardo da Vinci.

Immer wieder wird auch das alte Rathaus in Leipzig (1556/57) genannt, bei dem der Turm das Längsgebäude im Goldenen Schnitt teilt.

Viele Wissenschaftler sehen die Behauptungen Zeisings kritisch. In der Tat sprechen vielerlei Gründe dafür, das Auftreten des Goldenen Schnitts als globales Prinzip in Frage zu stellen.

– Es sind keine physiologischen Gründe oder anatomischen Befunde bekannt, die «goldene Proportionen» am Menschen nahelegen oder gar erzwingen würden: Der Mensch würde auch funktionieren, wenn sein Bauchnabel 10 Zentimeter höher platziert wäre.
– Wenn man den Goldenen Schnitt empirisch bestimmt, etwa durch Messen der entsprechenden Längen, entstehen unvermeidlich Ungenauigkeiten. Wenn man nun den Goldenen Schnitt und die Fibonacci-Zahlen im Kopf hat, ist es verführerisch, Verhältnisse, die «annähernd» 3 : 2 oder 5 : 3 sind, als «exakt» 3 : 2 beziehungsweise 5 : 3 zu lesen und Abweichungen als «Messfehler» abzutun. Zum Beispiel wird behauptet, dass das äußere Fingerglied des Zeigefingers zum Rest im Verhältnis des Goldenen Schnitts steht. Versuchen Sie selbst zu messen; es wird Ihnen ein Leichtes sein, ein Verhältnis von (zum Beispiel) 3 : 5 festzustellen.
– Bei Kunstwerken ist das Hauptproblem, dass es, jedenfalls von alten Künstlern, kaum Zeugnisse und so gut wie keine Hinweise dafür gibt, dass sie den Goldenen Schnitt verwendet oder auch nur gekannt haben könnten.

– Der Goldene Schnitt wird nur in einzelnen Werken (und natürlich in den berühmtesten) gesucht. Bei keinem der Künstler ist allerdings eine «goldene Periode» identifiziert worden. Es konnte auch nicht kunsthistorisch herausgearbeitet werden, wie sich bei einem Künstler die Verwendung des Goldenen Schnitts entwickelt hat.
– Dies ist ganz anders bei einigen jüngeren Künstlern wie Le Corbusier (1887–1965), Georges Seurat (1859–1891) und Jo Niemeyer (geb. 1946), in deren Werken der Goldene Schnitt bewusst eingesetzt wird, häufig vorkommt oder sogar zentral ist.

In jedem Fall ist es außerordentlich bemerkenswert, welche enorme Wirkung das Werk von Zeising hatte und hat, das im Grunde nur aus spekulativen Behauptungen und bestenfalls dilettantischen Untersuchungen besteht – die allerdings mit großer Überzeugung vorgetragen werden.

~~~

Man kann sich dem Goldenen Schnitt besonders schön durch Bruchzahlen annähern, genauer gesagt durch Bruchzahlen, deren Zähler und Nenner Fibonacci-Zahlen sind.

Die Fibonacci-Zahlen sind die Zahlen 1, 1, 2, 3, 5, 8, 13, 21, … Jede Zahl dieser Folge ist die Summe ihrer beiden Vorgänger. Damit ist die nächste Fibonacci-Zahl gleich $13 + 21 = 34$ (vgl. Kap. «21. Kaninchen und Sonnenblumen», S. 87).

Wenn man nun aufeinanderfolgende Fibonacci-Zahlen durcheinander dividiert (jeweils die größere durch die kleinere), dann kommt man dem Goldenen Schnitt 1,618 schnell sehr nahe. Genauer gesagt konvergiert die Folge der Fibonacci-Quotienten gegen den Goldenen Schnitt:
~~~

n	1	2	3	4	5	6	7	8
f_n	1	2	3	5	8	13	21	34
f_{n-1}	1	1	2	3	5	8	13	21
f_n/f_{n-1}	1	2	1,5	1,67	1,6	1,625	1,615	1,618

Aus der Tabelle geht hervor, dass der Quotient 8/5 nur etwa ein Prozent und der Bruch 8/13 sogar weniger als ein halbes Prozent vom Zielwert des Goldenen Schnitts entfernt ist.

π

Die geheimnisvolle Transzendente

Die Erfindung des Rads vor etwa 6000 Jahren war eine Revolution: Lasten, die sich bislang nur unter allergrößten Anstrengungen durch Ziehen auf dem Land stückweise vorwärtsbewegen ließen, konnten jetzt bequem gerollt werden. Aus den ersten Rollen wurden immer wieder neue Varianten von Rädern entwickelt.

Es ist erstaunlich, dass das Rad erst so spät erfunden wurde. Denn Kreis und Kugel sind fundamentale Formen der Natur, die sich in großer Fülle unübersehbar zeigen: Sonne und Mond, Blüten und Früchte, Wassertropfen und die Wellen, die sich bilden, wenn ein Stein ins Wasser fällt.

Wenn man ein Rad konstruiert, kann man leicht seinen Durchmesser festlegen; ebenso leicht kann man bei einem fertigen Rad den Durchmesser messen. Was aber auch interessiert, sind der Umfang und die Flächengröße des Rads. Denn diese bestimmen den Materialbedarf. Nun glaubt man zwar zu wissen, was Umfang und Flächeninhalt eines Kreises sind, aber wenn man diese Größen ausrechnen möchte, beginnen die Schwierigkeiten – und hören nie mehr auf.

Der allererste Anfang ist allerdings einfach, so selbstverständlich, dass viele Menschen bis heute unbewusst das Richtige denken: Die Zahl, mit der man den Durchmesser multiplizieren muss, um den Umfang zu erhalten, ist bei jedem Kreis die gleiche. Egal, ob man den Umfang eines Fingerrings, eines Hula-Hoop-Reifens oder des Äquators berechnen will – man muss lediglich den jeweiligen Durchmesser mit einer bestimmten Zahl multiplizieren. Diese Zahl bezeichnet man seit dem 17. Jahrhundert mit dem griechischen Buchstaben π («pi») für «Perimeter» (= Umfang). Die Beziehung zwischen dem Durchmesser d und dem Umfang U eines Kreises kann mathematisch also so beschrieben werden: $U = \pi \cdot d$.

Damit ist das Problem des Umfangs zurückgeführt auf die Bestimmung der Zahl π. Die ersten Versuche dazu sind 4000 Jahre alt. Sie waren von der Idee inspiriert, dass eine Zahl, die eine so klare geometrische Bedeutung und eine so fundamentale praktische Relevanz hat, nicht «irgendeine» Zahl sein kann, sondern dass diese Zahl ein «einfacher Zahlenausdruck» sein müsse.

Eine erste Annäherung an π, die an vielen Stellen der Welt vorgenommen wurde, ist daher $\pi = 3$; zum Beispiel lesen wir davon in der Bibel (1. Könige 7,23). Die Babylonier setzten um 1900 v. Chr. $\pi = 25/8 = 3{,}125$. In dem ägyptischen *Papyrus Rhind* (ca. 1650 v. Chr.) finden wir $\pi = (16/9)^2 \approx 3{,}1605$. Indische Mathematiker im 4. Jahrhundert v. Chr. setzten $\pi = 339/108 \approx 3{,}139$; andere indische Mathematiker bringen π in Verbindung mit der Zahl 10 und glauben $\pi = \sqrt{10} \approx 3{,}1622$. Und so weiter. Schon die Vielfalt der Angebote zeigt, dass keines davon richtig sein kann.

Es waren die Untersuchungen von Archimedes (288–212 v. Chr.), die den Gedanken verscheuchten, dass man die Zahl π durch einen einfachen Ausdruck darstellen kann.

Archimedes sagte sich: Wenn es schwierig ist, den Umfang eines Kreises zu bestimmen, dann sollte man den Kreis durch eine Figur ersetzen, deren Umfang man leicht bestimmen kann. Konkret zeichnete er in den Kreis ein regelmäßiges Sechseck.

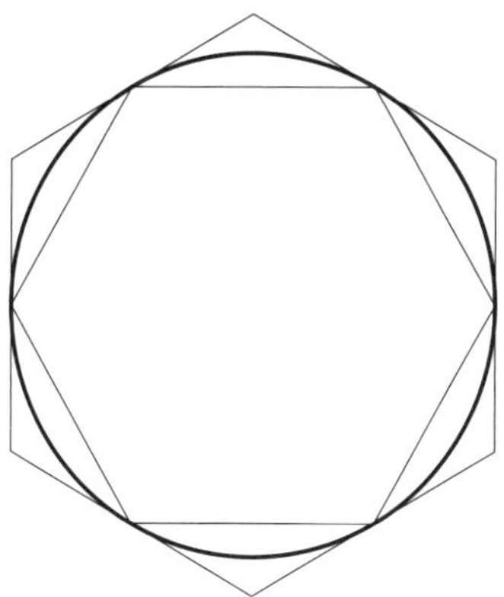

Das Sechseck hat einen kleineren Umfang als der Kreis, den man aber berechnen kann. In der Tat ist dieser das Sechsfache des Radius, also das Dreifache des Durchmessers des Kreises. Damit folgt $\pi > 3$.

Ebenso konstruierte Archimedes ein Sechseck, das den Kreis umschließt. Auch dessen Umfang konnte er ausrechnen; dieser ist genau um den Faktor $2 \cdot \sqrt{3} \approx 3{,}46$ größer als der Durchmesser des Kreises. Das bedeutet, für π gelten die Abschätzungen $3 < \pi < 3{,}46$.

Archimedes blieb nicht beim Sechseck stehen, sondern verdoppelte die Eckenzahl immer wieder, bis er beim 96-Eck ankam. Dieses lieferte ihm die sehr guten Abschätzungen $3 + 10/71 < \pi < 3 + 10/70$ (=22/7). In Dezimalschreibweise ausgedrückt lautet dies $3{,}1408 < \pi < 3{,}14286$. Damit war das Rennen nach immer besseren Annäherungen an die Zahl π eröffnet. Dabei kann man drei Phasen unterscheiden.

(a) Geometrische Ära

Fast 2000 Jahr lang wurde der Ansatz von Archimedes weiterentwickelt, indem man versuchte, den Umfang von Vielecken mit immer größerer Eckenzahl zu berechnen.

Der chinesische Mathematiker Zu Chongzhi berechnete um das Jahr 480 den Umfang eines Vielecks mit 12 288 Ecken und erhielt dadurch die Näherung $\pi = 355/113 \approx 3{,}141592920\ldots$, ein Wert, der auf sieben Stellen genau ist und über 700 Jahre lang den Weltrekord der besten π-Annäherung behielt.

Die Rekordhalter der geometrischen Methode sind Ludolph van Ceulen (1540–1610), der in jahrelanger Arbeit auf Basis eines 2^{62}-Ecks 35 Stellen von π berechnete, und der österreichische Jesuit und Astronom Christoph Grienberger (1561–1636), der 1630 sogar 39 Stellen schaffte.

(b) Die Ära der unendlichen Reihen

Im 17. Jahrhundert begann die große Zeit der sogenannten unendlichen Reihen, die manchmal auch «unendliche Summen» genannt werden. Dieser Ausdruck vermittelt eine gute Vorstellung von dem, was bei der Berechnung einer unendlichen Reihe oder Summe zu tun ist: Gegeben sei eine Folge von positiven oder negativen Zahlen, zum Beispiel $1, -1/3, 1/5, -1/7, 1/9, \ldots$ Diese werden nun einfach der Reihe nach addiert. In unserem Beispiel sieht das so aus:

$$1 - \frac{1}{3} + \frac{1}{5} - \frac{1}{7} + \frac{1}{9} - \ldots$$

Der erste Wert dieser unendlichen Reihe ist 1, der zweite ist $1 - 1/3 = 2/3 = 0{,}67$, der dritte lautet $1 - 1/3 + 1/5 = 13/15 = 0{,}867$ und so weiter. Diese Reihe ist «schön», weil man genau weiß, wie sie weitergeht: Sie hat ein Bildungsgesetz, das man sich leicht merken kann.

Diese Reihe konvergiert auch, das heißt, sie stellt eine wohlbestimmte reelle Zahl dar, und zwar überraschenderweise genau die Zahl $\pi/4$. Mit anderen Worten: Wenn man die Werte der Reihe mit 4 multipliziert, erhält man immer bessere Annäherungen an π. Die obigen drei Werte ergeben folgende Approximationen: 4; 2,67; 3,467; und so weiter. Der große Mathematiker und Philosoph Gottfried Wilhelm Leibniz (1646–1716) hat diese Reihe untersucht; sie war aber schon im 14. Jahrhundert indischen Mathematikern bekannt.

Nun ist diese «Leibniz-Reihe» zwar sehr schön, aber für das Ausrechnen völlig ungeeignet: Schon um nur zwei Nachkommastellen sicher zu bestimmen, müsste man die Brüche bis 1/99 addieren und subtrahieren, ein mühseliges Geschäft.

Die Mathematiker haben andere Reihen verwendet, die zwar nicht so schön sind, die sich aber effizient berechnen lassen. Man war damit viel erfolgreicher als mit der geometrischen Methode. Schon im 18. Jahrhundert wurde die 100-Stellen-Marke geknackt und im 19. Jahrhundert konnte man viele Hundert Stellen berechnen.

Der Rekordhalter dieser Ära und gleichzeitig ihr unglücklicher Held war der englische Schuldirektor und Amateurmathematiker William Shanks (1812–1882). Im Jahr 1853 veröffentlichte er 530 Stellen von π, von denen nur die letzten beiden Ziffern inkorrekt waren. Im Jahr 1873 versuchte Shanks einen neuen Rekord zu etablieren und veröffentlichte 707 Stellen. Unglücklicherweise hatte er sich verrechnet, so dass seine Ergebnisse ab der 528. Stelle falsch waren. Zum Glück wurde das erst 1944, also Jahrzehnte nach Shanks Tod, entdeckt. Dennoch ist seine Leistung bemerkenswert. Er hält den Weltrekord für die größte Zahl von korrekten Stellen, die je von Hand berechnet wurde.

(c) Computerära

Computer sind Rechner, die viel schneller und viel zuverlässiger rechnen können als Menschen. Daher sind Computer wie gemacht für die Berechnung unendlicher Reihen.

Der Engländer D. F. Ferguson konnte schon im Jahr 1947 mit einem mechanischen Tischrechner π auf 710 Stellen berechnen; im Jahr 1949 veröffentlichte er zusammen mit John William Wrench, Jr. (1911–2009) sogar 1120 Stellen. Dieser Rekord wurde erst gebrochen, als elektronische Computer eingesetzt wurden. Dann ging es allerdings Schlag auf Schlag: Im Jahr 1957 wurden 10 000 Stellen berechnet, 1961 gar 100 000, und im Jahre 1974 feierte man die erste Million, 1989 eine Milliarde und 2002 eine Billion. Heute kennt man zig Billionen Stellen. Von praktischem Nutzen ist das alles nicht; zum Beispiel nutzt die NASA für ihre Berechnungen der Bahnen der Weltraumsonden nur 15 Stellen von π!

Aber die Mathematiker haben angesichts dieser unübersehbar langen Ziffernfolge ein ähnliches Gefühl wie Bergsteiger, die einen Achttausender ohne Sauerstoffgerät besteigen: Das löst kein einziges Problem, ist aber ein unbeschreibliches Gefühl!

Warum ist π eigentlich so faszinierend? Ich glaube, wegen der Diskrepanz zwischen der scheinbar einfachen Definition und den unendlichen Mühen, diese Zahl in den Griff zu bekommen.

Dass es schwierig ist, π zu bestimmen, können die Mathematiker in ihrer Sprache präzise ausdrücken. Denn im Jahr 1761 bewies der deutsche Mathematiker Heinrich Lambert, dass π eine irrationale Zahl, also kein Bruch, ist.

Das bedeutet: Wenn man π als Dezimalbruch darstellt, $\pi = 3{,}14159\ldots$, dann hören die Nachkommastellen nie auf, und sie werden auch nie periodisch (periodisch bedeutet, dass sie sich ab einer gewissen Stelle immer wieder zyklisch wiederholen würden). Einfach gesagt: Jede neue Ziffer von π ist eine Überraschung. Das bestätigt letztlich auch die Haltung von Archimedes, der nicht versuchte, π durch einen

Ausdruck festzulegen, sondern sich damit begnügte, π in Schranken einzuschließen.

~~~~~~~~~~~~~~~~~~~~

Ein Problem der Mathematik, das sprichwörtlich geworden ist, ist die ominöse «Quadratur des Kreises» (vgl. Kap. «$\sqrt{2}$. Die irrationale Zahl par excellence», S. 160). Dabei geht es um die beiden einfachsten Figuren, die man mit Zirkel und Lineal, den klassischen Werkzeugen der Geometrie, konstruieren kann. Der Zirkel ist dafür geschaffen, Kreise mit gegebenem Mittelpunkt und Radius zu zeichnen, und ein Quadrat kann man mit Hilfe von Zirkel und Lineal auf einfachste Weise konstruieren.

Das Problem dreht sich um den Flächeninhalt. Der Flächeninhalt eines Quadrats ist ganz einfach zu berechnen: Seitenlänge mal Seitenlänge. Der Flächeninhalt des Kreises ist schwierig zu fassen und lässt sich nur approximativ bestimmen.

Die Frage ist: Kann man zu einem Kreis ein Quadrat konstruieren, das den gleichen Flächeninhalt hat? Wenn ja, hätte man ein schwieriges Problem (Kreis) auf eine einfaches zurückgeführt (Quadrat). Die Frage hat zwei Zusatzbedingungen: 1. Man möchte *exakt* den gleichen Flächeninhalt erhalten, es geht also nicht um Näherungen. 2. Als Werkzeuge sind *nur Zirkel und Lineal* zugelassen.

Das Problem trat in der Antike auf und konnte damals nicht gelöst werden. Es wurde auch im europäischen Mittelalter nicht gelöst. Auch nicht in der islamischen Mathematik. Auch nicht von Genies wie Newton und Leibniz. Das Problem wurde erst im Jahre 1882 erledigt.

Genauer gesagt wurde 1882 die Frage, ob die Quadratur des Kreises überhaupt möglich ist, entschieden. Denn die
~~~~~~~~~~~~~~~~~~~~

Antwort ist Nein. Es geht nicht. Hier kommen Zirkel und Lineal an ihre Grenzen. Man kann – mit Zirkel und Lineal allein – keinen Kreis in ein flächengleiches Quadrat verwandeln. Insofern kann die «Quadratur des Kreises» nicht gelingen – auch wenn in Politik und Wirtschaft oft etwas anderes erhofft oder behauptet wird.

Nur einige kurze Gedanken zum Lösungsweg: Man kann das Problem so umstellen, dass es darum geht, eine Strecke der Länge π zu konstruieren. Das hätten schon die Mathematiker der Antike feststellen können. Was sie nicht konnten, war, dieses Problem in die Welt der Zahlen zu übersetzen. Das war nur möglich auf Basis der von René Descartes erfundenen Koordinatengeometrie (analytische Geometrie). Auf dieser Basis konnte man eine Eigenschaft finden, die «konstruierbare» Zahlen haben; das sind die Zahlen, für die man mit Zirkel und Lineal eine Strecke konstruieren kann, die genau diese Länge hat. Die Eigenschaft ist, dass jede konstruierbare Zahl Lösung einer Gleichung eines gewissen Typs sein muss.

Damit konnte die Frage «Ist π konstruierbar?» umformuliert werden in «Erfüllt π eine dieser speziellen Gleichungen?».

Nun hat der deutsche Mathematiker Ferdinand Lindemann 1882 bewiesen, dass π eine transzendente Zahl ist. Das bedeutet, dass sie überhaupt keiner Gleichung genügt. Wenn man π in eine Gleichung einsetzt, stimmt es nie. Nie ist die linke Seite exakt gleich der rechten Seite. Manchmal stimmt es fast, zum Beispiel bei folgenden Gleichungen: $x = 3$, $x^2 = 10$, $x^2 + x = 13$ oder $x^4 + x = 100$. Aber es stimmt nie exakt. Das ist genau das, was Lindemann bewiesen hat.

Damit ist auch die Quadratur des Kreises ein für alle Mal erledigt. Denn wenn π überhaupt keine Gleichung erfüllt, dann erfüllt π erst recht nicht eine der speziellen Gleichungen, durch die konstruierbare Zahlen charakterisiert werden.

e

Die Zahl des Wachstums

Das Land Risparmio ist ein Traum für Sparer. Dort beträgt der Zinssatz bei jeder Bank 100 Prozent. Das bedeutet, dass aus 1000 angelegten Pfund innerhalb eines Jahres 2000 werden, nach zwei Jahren hat man schon 4000 und nach drei Jahren sogar 8000 Pfund.

Aber manchen Sparern reicht das nicht; sie wollen ihren jährlichen Ertrag optimieren. Und dazu haben sie einen genialen Trick.

Sie heben schon nach einem halben Jahr ihre 1000 Pfund mit den bis dahin angefallenen Zinsen von 500 Pfund ab. Mit diesen 1500 Pfund gehen sie zu einer anderen Bank und legen diesen Betrag an. Im verbleibenden halben Jahr bringen die 1500 Pfund weitere 750 Pfund Zinsen, so dass die Sparer am Ende des Jahres auf einen stolzen Betrag von 2250 Euro blicken können.

Mathematisch ausgedrückt: In jedem halben Jahr kommt zu dem Kapital, das zu Beginn dieses halben Jahres angelegt wird, noch die Hälfte dazu. Aus 1000 Pfund werden $1000 + 500$ Pfund oder, anders geschrieben, $(1 + 1/2) \cdot 1000$ Pfund. Das heißt, das eingesetzte Kapital vermehrt sich in einem halben Jahr um den Faktor $1 + 1/2$.

Durch den Wechsel der Bank wird das Kapital von $1000 \cdot (1 + 1/2) = 1500$ Pfund, das zu Beginn des zweiten Halbjahrs angelegt wird, nochmals um den Faktor $(1 + 1/2)$

vermehrt. So dass am Ende des Jahres genau $1000 \cdot (1+1/2) \cdot (1+1/2) = 1000 \cdot (1+1/2)^2$ Pfund vorhanden sind.

Einmal auf den Geschmack gekommen, wechseln die Sparer jetzt alle 4 Monate die Bank. Nach dem ersten Drittel des Jahres haben sich die 1000 eingesetzten Pfund um den Faktor $(1+1/3)$ auf 1333,33 Pfund vermehrt, und im zweiten und dritten Drittel wird das vorhandene Geld jeweils nochmals um denselben Faktor vermehrt, so dass am Ende des Jahres insgesamt $1000 \cdot (1+1/3)^3 = 2370$ Pfund zu Buche schlagen.

Die Sparer überlegen: Pro Monat vermehrt sich das Geld zwar nur um den Faktor $(1+1/12)$, aber wenn man diesen Faktor zwölf Mal anwendet ... Tatsächlich hätten sie am Ende des Jahres genau $1000 \cdot (1+1/12)^{12} = 2613$ Pfund.

Für den Mathematiker gibt es keine Monatsgrenzen. Er fragt sich, was sich ergibt, wenn man das Jahr in beliebig viele Stücke aufteilt. Wenn man das Jahr in n gleich große Teile aufteilt, vermehrt sich das eingesetzte Kapital in jedem dieser Stücke um den Faktor $(1+1/n)$, und somit werden innerhalb des Jahres aus 1000 Pfund genau $1000 \cdot (1+1/n)^n$ Pfund.

Die Frage ist nun: Wenn n immer größer wird, wird dann auch $(1+1/n)^n$ immer größer? Und wenn ja, stabilisieren sich die Werte bei einer Zahl oder wächst die Folge über alle Grenzen?

Tatsächlich ist es so, dass diese Zahlenfolge gegen eine Zahl konvergiert, die man seit Euler mit e bezeichnet und «Eulersche Zahl» nennt. Sie ist gleich 2,7182818284... Das bedeutet: Aus 1000 Pfund werden bei Anwendung dieser Methode innerhalb eines Jahres nie mehr als 2718,28... Pfund.

Ihre wahre Bedeutung erlangt die Zahl e durch die sogenannte Exponentialfunktion, die man auch kurz «e-Funktion» nennt. Dabei betrachtet man die Potenzen von e, zum Beispiel diejenigen, die in folgender Tabelle aufgeführt sind.

x	0	1	2	3	4	5
e^x	1	2,7	7,4	20	54,6	148,4

Man sieht: Die Werte werden nicht nur immer größer, sie werden rasant größer. Zum Beispiel ist e^{10} schon größer als 22 000 und e^{100} eine Zahl mit 43 Nullen.

Wenn man die Funktion auch für die Zwischenwerte ausrechnet und den Graphen aufzeichnet, wird das Wachstum dieser Funktion noch eindrücklicher:

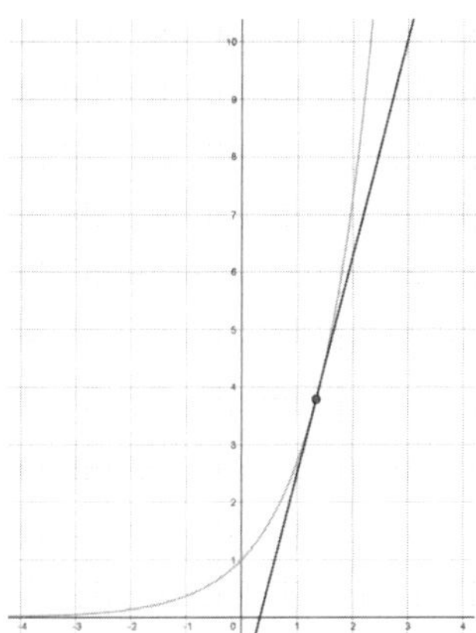

Das Wachstum drückt sich nicht nur in den immer größer werdenden Werten aus, sondern auch darin, dass die Wachstumsgeschwindigkeit stets zunimmt. Mathematisch wird das durch die Steigung der Funktion beschrieben.

Anschaulich sieht man die Steigung einer Funktion in

einem bestimmten Punkt so, dass man an diesem Punkt des Graphen ein Lineal anlegt. Je steiler das Lineal ist, desto größer ist die Steigung. Korrekter ist es, davon zu sprechen, dass man eine Tangente an den Punkt anlegt; die Steigung der Tangente als Gerade ist dann die Steigung der Kurve in diesem Punkt.

Man kann die Steigung auch durch eine Zahl ausdrücken. Die Steigung einer Geraden ergibt sich, indem man von einem Punkt der Gerade um eine Einheit nach rechts geht und von da aus nach oben, bis man wieder auf die Gerade trifft. Die Länge der senkrechten Strecke ist dann die Steigung. Geht man also um 1 nach rechts und 4 nach oben, um wieder auf die Gerade zu treffen, ist die Steigung gleich 4.

Etwas ganz Besonderes bei der e-Funktion ist die Tatsache, dass man die Steigung unmittelbar an der Kurve ablesen kann. Welche Steigung hat die e-Funktion an der Stelle $x=0$, also an der y-Achse? Wir schauen uns den Wert an der y-Achse an. Dieser ist 1. Also ist dort auch die Steigung 1, das heißt, dass die Tangente einen Winkel von 45 Grad zur x-Achse bildet. Welche Steigung hat die e-Funktion an der Stelle $x=1$? An dieser Stelle hat die Funktion den Wert $e^1=e=2{,}7\ldots$ Also ist auch die Steigung in diesem Punkt gleich e. Mathematisch ausgedrückt, kann man sagen: Die Ableitung der e-Funktion ist gleich der e-Funktion selbst.

Die e-Funktion ist das Musterbeispiel für Funktionen mit «exponentiellem Wachstum». Auch durch Ausdrücke wie 2^x oder 10^x wird exponentielles Wachstum beschrieben.

Dieses ist dadurch charakterisiert, dass der Wert in jedem Zeitintervall um einen bestimmten Faktor zunimmt. Und es hat den Effekt, dass über längere Zeiträume das Wachstum dramatisch und unvorstellbar, ja unbeherrschbar ist. Wir betrachten drei wichtige Faktoren.

Der Faktor kann 2 sein. Der Viktoriasee ist der größte See Afrikas, ungefähr so groß wie Bayern. Im Jahre 1988 wurde dort zum ersten Mal eine Wasserhyazinthe gesichtet. Wasserhyazinthen sind im Grunde schöne Wasserpflanzen mit zartblauen Blüten, die allerdings eine verheerende Eigenschaft haben: Sie verdoppeln sich unter idealen Bedingungen alle zwei Wochen.

Am Viktoriasee herrschen ideale Bedingungen. So wurden aus einer Wasserhyazinthe nach zwei Wochen zwei, nach vier Wochen vier, nach sechs Wochen acht – und noch war kein Problem zu sehen. Man hätte die paar Pflanzen nehmen und vernichten können. Diese Chance ließ man aber verstreichen. Und so vermehrten sich die Wasserhyazinthen exponentiell und das Unheil nahm seinen Lauf. Nach wenigen Jahren waren die Ufer zugewachsen, so dass kein Schiffsverkehr mehr möglich war. Die Wasserhyazinthe verhinderte die Sauerstoffzufuhr zum Wasser, so dass Fische starben. Die Pflanzen bildeten ideale Brutplätze für Fliegen, die Malaria übertragen. Und so weiter.

Die Not war so groß, dass man sich entschloss, Pest mit Cholera zu bekämpfen. Dazu wurde der Rüsselkäfer im Viktoriasee angesiedelt, denn dessen Larven ernähren sich von der Wasserhyazinthe. So wurde die von ihr bedeckte Fläche innerhalb von fünf Jahren um 90 Prozent verkleinert.

Der Faktor kann 1,02 sein. Das ist der Faktor, um den sich ein Geldbetrag bei 2 Prozent Zinsen oder Rendite pro Jahr vermehrt. Es gibt eine Faustregel, mit der man ausrechnen kann, in wie vielen Jahren sich ein eingesetztes Kapital verdoppelt. Das ist die «72er-Regel», die schlicht darin besteht, die Zahl 72 durch den Zinssatz zu dividieren. Zum Beispiel dauert es bei einer 2-prozentigen Verzinsung 72/2 = 36 Jahre, bis sich das Kapital verdoppelt hat.

Man kann diese Regel auch auf andere Situationen anwenden: Derzeit vermehrt sich die Weltbevölkerung jährlich um 1,1 Prozent. Das bedeutet: In $72/1{,}1 = 65{,}5$ Jahren leben – eine konstante Wachstumsrate vorausgesetzt – doppelt so viele Menschen auf der Erde wie heute, das heißt über 15 Milliarden. Und auch Epidemien verbreiten sich nach diesem Modell.

Der Faktor kann auch kleiner als 1 sein, zum Beispiel 0,999879. Diese Zahl beschreibt das Abnehmen des Kohlenstoffisotops ^{14}C. Dieses ist – im Gegensatz zu dem normalen Kohlenstoffatom ^{12}C – radioaktiv, das heißt, es zerfällt, und zwar so, dass nach einem Jahr von 1000 Gramm ^{14}C noch genau 999,879 Gramm übrig sind. Dieser Verlust scheint vernachlässigbar klein zu sein, ist es aber nicht. Denn wenn man 5730 Jahre lang wartet, sind aus den 1000 Gramm genau $1000 \cdot (0{,}999879)^{5730} \approx 500$ Gramm geworden. Mit anderen Worten: Die Halbwertszeit von ^{14}C beträgt 5730 Jahre; denn die Halbwertszeit ist die Zeit, in der eine radioaktive Substanz auf die Hälfte zerfällt.

Dieses Phänomen ist die Grundlage der C14-Methode zur Altersbestimmung organischer Materialien. In lebenden Organismen, zum Beispiel Bäumen, ist der Anteil des ^{14}C-Isotops konstant. Dieser Anteil wird aber nach Absterben des Organismus durch den radioaktiven Zerfall kleiner. Mit Hilfe der obigen Zahlen kann man aus dem Anteil des noch vorhandenen ^{14}C zum Beispiel in einem Stück Holz dessen Alter bestimmen.

~~~

Die Zahl e ist, wie die meisten reellen Zahlen, sowohl irrational als auch transzendent. Zumindest die Irrationalität von e kann man sich prinzipiell klarmachen.
~~~

Dazu benutzen wir eine alternative Darstellung von e, nämlich durch eine unendliche Reihe («unendliche Summe»). Wir betrachten dazu die sogenannten Fakultäten. Für eine natürliche Zahl n ist n! («n Fakultät») definiert als $n \cdot (n-1) \cdot (n-2) \cdot \ldots \cdot 2 \cdot 1$.

Um e zu erhalten, bilden wir zunächst die Fakultäten und dann ihre Kehrwerte:

n	0	1	2	3	4	5
n!	1	1	2	6	24	120
1/n!	1	1	1/2	1/6	1/24	1/120
als Dezimalbruch	1	1	0,5	0,167	0,042	0,008

Nun summieren wir diese Werte:

$$1 + 1 + \frac{1}{2} + \frac{1}{6} + \frac{1}{24} + \frac{1}{120} + \ldots$$

$$= 1 + 1 + 0{,}5 + 0{,}167 + 0{,}042 + 0{,}008 + \ldots$$

Man sieht, dass die Glieder dieser Reihe sehr klein werden, daher ist es nicht überraschend, dass diese Summe konvergiert, also eine wohlbestimmte Zahl darstellt. Leonhard Euler hat auch gezeigt, dass diese Zahl gleich e ist.

Damit können wir nun nachweisen, dass e kein Bruch ist, also eine irrationale Zahl sein muss. Nehmen wir zum Beispiel an, dass $e = 11/4$ wäre. Dann wäre

$$\frac{11}{4} = e = 1 + 1 + \frac{1}{2} + \frac{1}{6} + \frac{1}{24} + \frac{1}{120} + \ldots$$

Wir multiplizieren nun die gesamte Gleichung, das heißt jeden Summanden, mit 4!:

$$4! \cdot \frac{11}{4} = 4! + 4! + \frac{4!}{2} + \frac{4!}{6} + \frac{4!}{24} + \frac{4!}{120} + \ldots$$

Indem wir ein bisschen kürzen, erhalten wir:

$$3! \cdot 11 = 4! + 4! + 4 \cdot 3 + 4 + 1 + \frac{4!}{120} + \frac{4!}{720} + \frac{4!}{5040} + \ldots$$

Nun steht auf der linken Seite eine ganze Zahl, und auch rechts ist der Ausdruck $4! + 4! + 4 \cdot 3 + 4 + 1$ eine ganze Zahl. Also müssten sich auch die restlichen Brüche zu einer ganzen Zahl aufsummieren. Das tun sie aber nicht, denn die Summe der Brüche ist zwar größer als null, aber viel kleiner als eins. Somit kann diese Summe aus Brüchen keine ganze Zahl sein. Dieser Widerspruch zeigt, dass e ungleich 11/4 ist. Mit entsprechenden Argumenten zeigt man, dass e verschieden von jedem Bruch ist. Somit ist e irrational.

i

Ist das Imaginäre vorstellbar?

Das bewegte Leben des Gerolamo Cardano begann 1501 mit seiner Geburt als uneheliches Kind und endete mit seinem Tod 1576, den er angeblich auf Tag und Stunde vorausberechnet hat. Cardano war ein Universalgelehrter, einer der führenden Intellektuellen der damaligen Welt, ja ein internationaler Starwissenschaftler, der von Ideen nur so sprudelte und ein riesiges Werk hinterließ. Er war eine medizinische Koryphäe, der viele als unheilbar geltende Menschen gesund machte und zahlreiche weltliche und kirchliche Würdenträger behandelte. Er war der bedeutendste Mathematiker seiner Zeit, er betrieb aber auch Astrologie und erstellte Horoskope, zum Beispiel für Francesco Petrarca, Erasmus von Rotterdam und Albrecht Dürer.

Zu Lebzeiten war Cardano auch berühmt für seine philosophischen Bücher. Im Jahre 1570 wurde er von der Inquisition verhaftet und kam erst nach drei Monaten wieder frei – allerdings unter Auflagen, zum Beispiel wurde ihm ein Publikationsverbot auferlegt.

Dieser Cardano stellte in seinem groß angelegten Buch *Ars Magna* (1545), einem Meilenstein der Algebra, folgende Aufgabe: Teile eine Strecke der Länge 10 in zwei Teile, so dass das Rechteck mit diesen Seitenlängen den Flächeninhalt 40 hat. Es sind also zwei Zahlen gesucht, deren Summe 10 und deren Produkt 40 ist.

Diese Aufgabe ist scheinbar vollkommen harmlos. Solche Aufgaben hatte jeder Leser der *Ars magna* schon hundertfach gesehen und konnte darüber nur müde lächeln. Innerlich sagt sich jeder: «Klar, zwei Unbekannte, zwei Bedingungen. Muss klappen. – Und wenn ich nicht direkt auf die Lösung komme, kann ich immer noch zwei Gleichungen aufstellen und diese lösen.»

Aber Cardano wäre nicht Cardano, wenn es so einfach wäre. Cardano landet einen Coup und gibt als Lösungen die Ausdrücke $(5+\sqrt{-15})$ und $(5-\sqrt{-15})$ an.

Was soll das sein? Man versteht fast alles: die Zahlen, das Plus und Minus und auch die Wurzeln. Aber Wurzel aus minus 15? Wurzel aus einer negativen Zahl? Das kann es nicht geben. Denn $\sqrt{-15}$ müsste eine Zahl sein, deren Quadrat -15 ist. Aber Quadrate sind immer positiv!

Die verschiedenen Namen, mit denen diese Art von Zahlen im Laufe der Geschichte bezeichnet werden sollten, drücken diese Existenzzweifel unüberhörbar aus. Cardano war der Erste, der einen Namen für sie suchte; er nannte sie «sophistisch».

Cardano beschreitet einen pragmatischen Weg. Er kümmert sich nicht um die Ontologie dieser Ausdrücke, sondern – er rechnet mit ihnen. Und dabei geht er ausgesprochen unbekümmert vor.

Was ist die Summe der beiden Objekte?

$$(5+\sqrt{-15})+(5-\sqrt{-15})=5+5+\sqrt{-15}-\sqrt{-15}.$$

Man sieht: Einmal hat der Ausdruck $\sqrt{-15}$ ein positives Vorzeichen, das andere Mal ein negatives; die beiden Ausdrücke «$\sqrt{-15}$» müssten sich also aufheben – und das Ergebnis ist, wie gewünscht, 10.

Was ist das Produkt der beiden Objekte? Auch hier tun wir (bzw. Cardano) so, als ob $\sqrt{-15}$ eine Zahl wäre, mit der man rechnen kann:

$$(5+\sqrt{-15})(5-\sqrt{-15}) = 5^2-(\sqrt{-15})^2 = 25-(-15) = 40.$$

Das ist das in der Aufgabe geforderte Ergebnis.

Einen weiteren Schub bekam die Beschäftigung mit den später so genannten «imaginären» Zahlen durch das Studium von Gleichungen dritten Grades, den sogenannten kubischen Gleichungen. Für diese hatte Niccolò Tartaglia (1499/1500–1557) eine Lösungsformel gefunden, die Cardano in seiner *Ars Magna* veröffentlicht hatte. Diese Formel ist so ähnlich wie die p,q-Formel zur Lösung quadratischer Gleichungen – nur viel komplizierter: Statt einer Wurzel gibt es vier, von denen zwei sogar dritte Wurzeln sind.

Dem Mathematiker Rafael Bombelli (1526–1572) ist dann Folgendes aufgefallen. Manche kubischen Gleichungen, wie etwa $x^3-6x+4=0$, kann man auf zwei Weisen lösen: Entweder man ist schlau und «sieht», dass 2 eine Lösung ist; denn in der Tat gilt $2^3-6\cdot 2+4=8-12+4=0$. Oder man ist stur, benutzt die Formel und rechnet und rechnet. Dabei treten Wurzeln aus negativen Zahlen auf, die sich aber auf wunderbare Weise wieder aufheben und schließlich auch das Ergebnis 2 liefern.

Damit ist immerhin nachgewiesen, dass die imaginären Zahlen nicht notwendigerweise zu Widersprüchen führen.

Der französische Mathematiker Albert Girard (1595–1632) brachte 1629 einen neuen Gesichtspunkt ein. Die allgemeine Erfahrung war, dass eine Gleichung n-ten Grades *höchstens* n Lösungen haben kann – obwohl dies erst 1637 durch René Descartes gezeigt wurde, der in diesem Kontext übrigens den Begriff «imaginär» für Wurzeln aus negativen Zahlen eingeführt hat. Girard vermutete als Erster, dass jede Gleichung n-ten Grades *genau* n Lösungen hat. Damit dieser Satz überhaupt eine Chance hat, richtig zu sein, muss man imaginäre Zahlen zulassen. Sonst gilt der Satz nicht einmal für quadratische Gleichungen.

In den darauffolgenden Jahrhunderten versuchten die Mathematiker, sich diesen Zahlen zu nähern und mit ihnen umzugehen. Gottfried Wilhelm Leibniz (1646–1716) konnte hervorragend mit ihnen rechnen, nannte imaginäre Wurzeln aber ehrfürchtig eine «feine und wunderbare Zuflucht des göttlichen Geistes, beinahe ein Amphibienwesen zwischen Sein und Nichtsein».

Leonhard Euler machte einen großen Schritt in Richtung komplexe Zahlen. Er führte das Symbol i für $\sqrt{-1}$ ein und rechnete selbstverständlich mit den entsprechenden Größen, indem er, wann immer nötig, i^2 durch -1 ersetzte. Was i oder $\sqrt{-1}$ aber eigentlich «ist», weiß auch er nicht. Er spricht (1770) von «Zahlen, die ihrer Natur nach unmöglich sind und gewöhnlich *imaginäre* oder *eingebildete* Zahlen genannt werden, weil sie bloß in der Einbildung vorhanden sind».

Den überzeugenden Nachweis ihrer Existenz entwickelte der dänische Mathematiker Caspar Wessel (1745–1818). Wessels großartige Idee, die er im Jahre 1796 veröffentlichte, war, zur Begründung der komplexen Zahlen die Geometrie zu nutzen. Er sagte sich: So, wie man die reellen Zahlen als Punkte einer Zahlen*geraden* darstellen kann, so kann man die komplexen Zahlen als Punkte einer Zahlen*ebene* sehen.

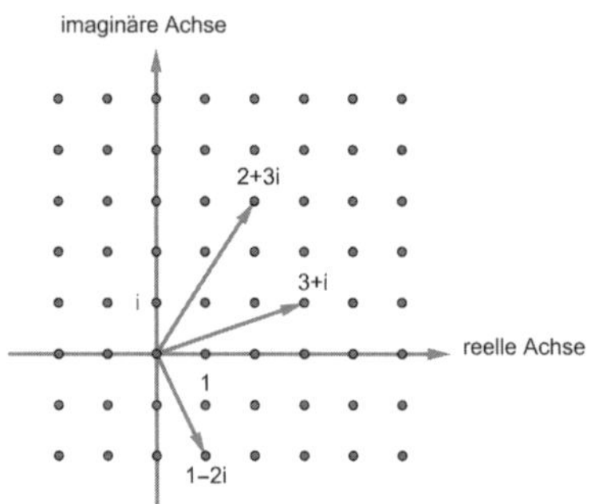

Genau genommen führt man eine Einheit auf der «reellen Achse» (x-Achse) ein, nämlich die Zahl 1, und eine Einheit auf der «imaginären Achse» (y-Achse), nämlich die «imaginäre Einheit» i. Nun kann man jede komplexe Zahl als $a+ib$ schreiben, das heißt aus 1 und i kombinieren. Die komplexe Zahl $a+ib$ kann man entweder als den Punkt der Ebene mit «Realteil» a und «Imaginärteil» b betrachten oder als den Pfeil, der vom Ursprung zu diesem Punkt führt.

Das Überzeugende an dieser Darstellung ist, dass man die komplexen Zahlen nicht nur «sehen», sondern mit ihnen auch rechnen kann. Die Addition zweier komplexer Zahlen ist einfach: $(1-2i)+(2+3i)=(1+2)+(-2+3)i=3+i$. Man «hängt» den zweiten Pfeil an den ersten und erhält das Ergebnis.

Die Multiplikation ist etwas komplizierter, aber auch sehr schön geometrisch. Zunächst betrachten wir die Multiplikation mit der imaginären Einheit i. Was ist $(3+2i)\cdot i$? Man kann es ausrechnen: $(3+2i)\cdot i=3i+2i\cdot i=3i-2=-2+3i$.

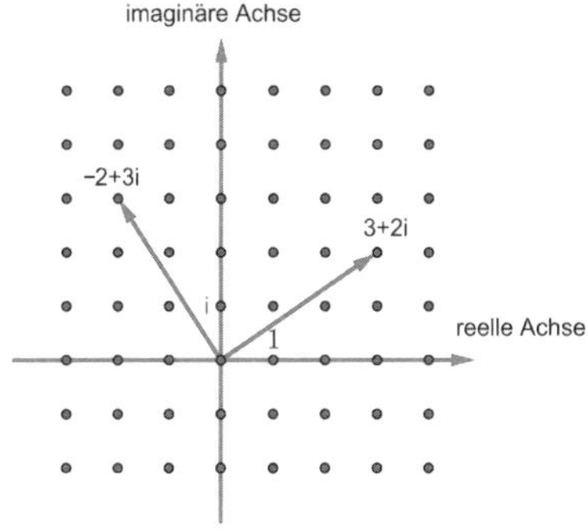

Betrachtet man die Multiplikation mit i geometrisch, dann sieht man, dass der Pfeil, der zu $3+2i$ führt, um genau 90 Grad gedreht wurde. Die Multiplikation mit i ist immer eine Drehung um 90 Grad.

Ganz allgemein gilt für die Multiplikation von zwei komplexen Zahlen, dass man zunächst die Winkel bestimmt, die die beiden Pfeile mit der reellen Achse bilden, und diese addiert. Das gibt die Richtung des Pfeils für das Produkt vor. Die Länge des Pfeils des Produkts erhält man, indem man die Längen der Pfeile der zu multiplizierenden Zahlen multipliziert.

Carl Friedrich Gauß veröffentlichte 1831 eine entsprechende Darstellung, in der er den Begriff «komplexe Zahl» für eine Zahl der Form a + ib einführt. Nicht zuletzt auch die Autorität von Gauß hat dafür gesorgt, dass die komplexe Zahlenebene zunehmend Allgemeingut wurde.

Gauß führt die Probleme im Umgang mit imaginären Größen – vielleicht ein bisschen monokausal – auf die unglücklichen Bezeichnungen zurück. Wenn man neutrale Namen gewählt hätte, wären seiner Meinung nach gar keine Schwierigkeiten aufgetreten. Er schreibt 1831: «Hat man diesen Gegenstand bisher aus einem falschen Gesichtspunkt betrachtet und eine geheimnisvolle Dunkelheit dabei gefunden, so ist dies grossentheils den wenig schicklichen Benennungen zuzuschreiben. Hätte man +1, −1, $\sqrt{-1}$ nicht positive, negative, imaginäre (oder unmögliche) Einheit, sondern etwa directe, inverse, laterale Einheit genannt, so hätte von einer solchen Dunkelheit kaum die Rede sein können.»

Aus heutiger Sicht kann man konstatieren: Die imaginären und komplexen Zahlen sind genauso real wie die reellen, die rationalen und die natürlichen Zahlen. Noch genauer trifft die Umkehrung das Wesen der Zahlen: Die natürlichen, rationalen und reellen Zahlen sind genauso «imaginär», «eingebildet», «vorgestellt», kurz genauso viel «Menschenwerk» wie die Wurzeln aus negativen Zahlen. Denn wie der Mathematiker Richard Dedekind 1888 in seinem Buch *Was sind und was sollen die Zahlen?* schreibt, «die Zahlen [und damit meint er alle Zahlen] sind freie Schöpfungen des menschlichen Geistes».

Der Schweizer Mathematiker Leonhard Euler hat 1748 die nach ihm benannte «Eulersche Identität» gefunden. Diese handelt von einem Winkel der Größe φ. Wir stellen uns den Winkel so vor, dass er durch einen Pfeil der Länge 1 in der komplexen Ebene repräsentiert wird, der mit der reellen Achse den Winkel φ einschließt.

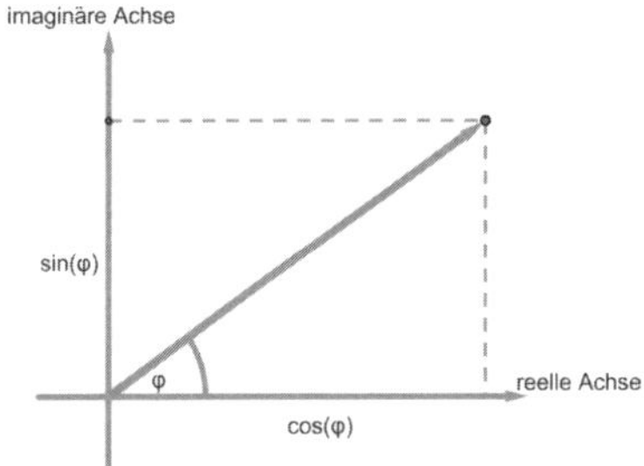

Man bezeichnet den Abschnitt des Pfeils auf der reellen Achse mit $\cos(\varphi)$ («Cosinus») und den Abschnitt des Pfeils auf der imaginären Achse mit $\sin(\varphi)$ («Sinus»). Dann kann die Pfeilspitze beschrieben werden als $\cos(\varphi) + i \cdot \sin(\varphi)$. Euler hat nun herausgefunden, dass man diesen Ausdruck auch als $e^{i\varphi}$ beschreiben kann. Dabei ist e die Eulersche Zahl und i die imaginäre Einheit:

$$e^{i\varphi} = \cos(\varphi) + i \cdot \sin(\varphi).$$

Bei dieser Gleichung ist es so: Die rechte Seite kann man gut verstehen, mit der linken kann man gut rechnen.

Ein Spezialfall der Eulerschen Identität führt zu einer der berühmtesten Gleichungen. Es ist der Spezialfall, in dem der

Winkel «gestreckt», also gleich 180 Grad, ist. Für diesen Fall ist die rechte Seite der Eulerschen Identität einfach anzugeben: Der imaginäre Anteil ist null, der Realteil ist −1. Also reduziert sich die rechte Seite auf −1.

Nun werden bei der Eulerschen Identität die Winkel nicht in Grad gemessen, sondern «im Bogenmaß». Das heißt, 180 Grad entsprechen der Zahl π. Mit anderen Worten: Die linke Seite der Eulerschen Identität wird zu $e^{i\pi}$ und insgesamt lautet die Formel in diesem Spezialfall $e^{i\pi} = -1$ oder auch $e^{i\pi} + 1 = 0$.

Diese Formel wurde von den Mathematikern zu der schönsten Formel gekürt, weil sie in besonders einfacher Weise fünf der wichtigsten Zahlen verbindet, nämlich e, i, π, 1 und 0.

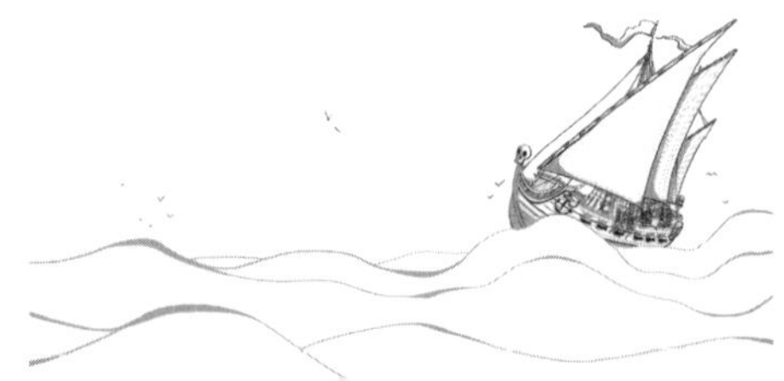

∞

Größer als alles

Seit Tausenden von Jahren benutzen Menschen die Zahlen, um zu zählen. Dazu benötigte man zunächst nur kleine Zahlen, mit der Zeit aber immer größere. Ja, jede Grenze, die man sich setzte, musste bald überwunden werden. Daher lag die Vorstellung nahe, dass das Zählen immer weitergehen könnte und dass jedenfalls die Zahlen nie aufhören.

Durch Zählen entstehen die zu Recht sogenannten natürlichen Zahlen 0, 1, 2, 3, … Und zumindest wir heutigen Menschen denken immer die drei Pünktchen mit und sind überzeugt, dass die Zahlenreihe immer weitergeht.

Die Vorstellung wird gestützt durch die Erfahrung von gleichmäßig ablaufenden Vorgängen, wie zum Beispiel dem Lauf der Tage, der Reihe der Jahre oder auch dem eigenen Herzschlag, die uns suggerieren, dass es ewig so weitergehen könnte. Anders ausgedrückt, wir glauben, dass es unendlich viele natürliche Zahlen gibt.

Das Symbol für die Unendlichkeit ist ∞, die liegende Acht. Erfunden wurde es von dem englischen Mathematiker John Wallis, der im Jahre 1655 das Zeichen ∞ als «unendlich große Zahl» einführte. So wird dieses Zeichen aber nicht benutzt, sondern es ist ein Code für die Tatsache, dass eine Zahlenfolge über alle Grenzen hinauswächst. Unendlich ist keine Zahl, sondern nur ein Ausdruck dafür, dass die Zahlen grenzenlos groß sein können. Die Folge 1, 2, 3, … der natürlichen

Zahlen endet nicht bei ∞, im Gegenteil: Die natürlichen Zahlen erreichen überhaupt kein Ziel, obwohl sie immer größer werden, ja jede vorgegebene Grenze unendlich oft überschreiten.

Die Mathematiker hatten im Lauf der Jahrhunderte gelernt, mit der Unendlichkeit gut umzugehen. Der gute Umgang bestand darin, die Unendlichkeit zu vermeiden, genauer gesagt, nur indirekt mit ihr umzugehen, indem man ausschließlich endliche Werkzeuge benutzte. Der große Mathematiker Carl Friedrich Gauß brachte die damalige Haltung auf den Punkt: «Das Unendliche ist nur eine Facon de parler, indem man eigentlich von Grenzen spricht, denen gewisse Verhältnisse so nahe kommen als man will, während anderen ohne Grenzen zu wachsen verstattet ist.»

Schon wenige Jahre danach, genau gesagt im Dezember 1873, geriet diese Sicht der Unendlichkeit ins Wanken. Es brach eine Revolution aus, die die Welt der Unendlichkeit vom Kopf auf die Füße stellen sollte. Am 29. November 1873 schrieb derjenige, der diese Revolution auslösen und durchführen sollte, der Mathematiker Georg Cantor (1845–1918), einen Brief an seinen Kollegen Richard Dedekind (1831–1916). In diesem stellte er die Frage, ob es eine eindeutige Beziehung zwischen der Menge der natürlichen Zahlen und der Menge der reellen Zahlen gebe. Die reellen Zahlen sind die Kommazahlen: solche mit endlich vielen Stellen nach dem Komma und solche mit unendlich vielen, wobei die Nachkommastellen periodisch oder nichtperiodisch angeordnet sein dürfen. Die Frage war, ob die natürlichen Zahlen das Modell für *alle* Erscheinungsformen der Unendlichkeit sind oder nicht. Das war eine Frage, die zumindest Cantor brennend interessierte. Denn sie rührte an die Wurzeln des Verständnisses der Unendlichkeit und sollte diesen Begriff überhaupt erstmalig entfalten. Allerdings wird diese Frage in dem Brief nicht explizit angesprochen.

Zu dem Thema der Unendlichkeit wurden im Laufe der Jahrhunderte viele Fragen gestellt: Gibt es die Unendlichkeit? Kann man sie erkennen? Ist sie Gott vorbehalten? Und so weiter. Aber völlig unhinterfragt war klar, dass es – wenn überhaupt – nur *eine* Unendlichkeit gibt. Unendlichkeit war ein «singulare tantum», ein Wort, das es nur in der Einzahl gibt.

Schon am 7. Dezember 1873, also gerade mal acht Tage nachdem er die Frage gestellt hatte, konnte Cantor seine Lösung präsentieren. In einem weiteren Brief an Dedekind zeigte er, dass man die reellen Zahlen zwischen 0 und 1 *nicht* eindeutig auf die natürlichen Zahlen abbilden kann.

Das war eine revolutionäre Wende. Denn Cantors Ergebnis sagt, dass es verschieden große Unendlichkeiten gibt: Die reellen Zahlen bilden eine größere Unendlichkeit als die natürlichen Zahlen; man nennt die reellen Zahlen «überabzählbar». Später hat Cantor eine unendliche Hierarchie von Unendlichkeiten entdeckt.

Unendlichkeit gibt es nicht nur im Singular, sondern im Plural. Cantors Ergebnisse sagen sogar: Unendlichkeit kann man logisch konsistent nur in verschieden großen Unendlichkeiten denken. Entweder gibt es keine Unendlichkeit (was auch vorstellbar ist) oder unendlich viele. Insofern ist «Unendlichkeit» ein «plurale tantum», ein Wort, das sinnvoll nur im Plural benutzt werden kann.

~~~~~~~~~~~~~~~~~~~~

Kann man mit unendlich rechnen? Zum Beispiel könnte man fragen: Stimmt die Gleichung $\infty + 1 = \infty$? Antwort: Diese Gleichung «stimmt», wenn man sie richtig interpretiert. Das
~~~~~~~~~~~~~~~~~~~~

Problem ist, dass es unterschiedlich große Unendlichkeiten gibt. Wenn mit dem Zeichen ∞ auf der linken Seite die Unendlichkeit der natürlichen Zahlen, mit dem gleichen Zeichen auf der rechten Seite aber die Unendlichkeit der reellen Zahlen gemeint ist, dann kann die Gleichung nicht stimmen. Wenn aber auf beiden Seiten die gleiche Unendlichkeit gemeint ist, dann ist die Gleichung richtig.

Um das zu verstehen, schauen wir uns zunächst die «kleinste» Unendlichkeit genauer an, nämlich die der natürlichen Zahlen. Es gibt viele Mengen, die «gleichmächtig» zu den natürlichen Zahlen sind, zum Beispiel die geraden Zahlen, aber auch die ganzen Zahlen und die Bruchzahlen. Denn all diese Mengen von Zahlen kann man in einer (unendlich langen) Liste anordnen, so die geraden Zahlen: 2, 4, 6, … und auch die ganzen Zahlen: 0, 1, –1, 2, –2, 3, –3, … Die positiven Bruchzahlen werden geordnet nach der Größe von Zähler + Nenner: 1/1, 1/2, 2/1, 1/3, 3/1, 1/4, 2/3, 3/2, 4/1, 1/5, … All diese Mengen sind «abzählbar», sie haben die gleiche Mächtigkeit, die man mit $\aleph_0$ («Aleph Null») bezeichnet. Nun kann man genau sagen, was der Ausdruck $\aleph_0 + 1$ bedeuten soll. Es ist die Mächtigkeit einer abzählbaren Menge, zu der man ein neues Element hinzugefügt hat. Zum Beispiel die Mächtigkeit der Menge der natürlichen Zahlen, zu der man noch die Zahl –1 hinzugefügt hat. Da man auch diese Menge in einer Liste anordnen kann (nämlich als –1, 0, 1, 2, 3, …), ist auch diese Menge abzählbar, hat also die Mächtigkeit $\aleph_0$. In Formelsprache bedeutet das: $\aleph_0 + 1 = \aleph_0$. Entsprechend gilt auch $\aleph_0 + 2 = \aleph_0$, $\aleph_0 + 1000 = \aleph_0$, $\aleph_0 - 1 = \aleph_0$ und so weiter.

Man kann auch den Ausdruck $\aleph_0 + \aleph_0$ interpretieren. Das ist die Mächtigkeit einer Menge, die aus zwei abzählbaren Mengen zusammengesetzt wird. Zum Beispiel der Menge der natürlichen Zahlen und der Menge der negativen Zahlen.

Auch diese Menge ist abzählbar, wie wir oben bei den ganzen Zahlen gesehen haben. Also gilt auch $\aleph_0 + \aleph_0 = \aleph_0$. Schließlich kann man auch $\aleph_0 \cdot \aleph_0$ bestimmen. Das ist die Mächtigkeit der Menge aller Paare, deren Komponenten aus einer abzählbaren Menge stammen. Zum Beispiel könnten wir die Menge aller Paare (a, b) aus natürlichen Zahlen a und b betrachten. Ähnlich wie die Abzählbarkeit der Bruchzahlen kann man auch die Abzählbarkeit dieser Menge zeigen. Also gilt $\aleph_0 \cdot \aleph_0 = \aleph_0$.

Die Rechenregeln dieser «transfiniten Arithmetik» sind im Grunde viel einfacher als die für natürliche Zahlen: Wenn ein Ausdruck das Symbol $\aleph_0$ und natürliche Zahlen enthält und diese durch plus und mal verbunden sind, dann ist der Wert («das Ergebnis») dieses Ausdrucks auch gleich $\aleph_0$.

Aber Vorsicht: In der Gleichung $\aleph_0 + \aleph_0 = \aleph_0$ darf man nicht auf beiden Seiten einfach $\aleph_0$ abziehen, denn das würde $\aleph_0 = 0$ implizieren.

Cantor ist natürlich nicht bei den Rechenregeln für $\aleph_0$ stehen geblieben. Er hat auch für die Mächtigkeiten $\aleph_1$, $\aleph_2$, $\aleph_3$, … von Mengen größerer Mächtigkeit entsprechende Rechenregeln bewiesen.

Zum Weiterlesen

Albrecht Beutelspacher: Zahlen. Geschichte, Gesetze, Geheimnisse. München 2013 (C.H.Beck)

Harald Haarmann: Weltgeschichte der Zahlen. München 2008 (C.H.Beck)

Georges Ifrah: Die Zahlen. Die Geschichte einer großen Erfindung. Frankfurt a. M./New York 1998 (Campus)

Karl Menninger: Zahlwort und Ziffer. Göttingen 1987 (Vandenhoeck & Ruprecht)

Reinhard Schlüter: Sieben – Eine magische Zahl. München 2011 (dtv)

David Wells: Das Lexikon der Zahlen. Frankfurt a. M. 1990 (Fischer Taschenbuch Verlag)

Hans Wußing: 6000 Jahre Mathematik. Von den Anfängen bis Leibniz und Newton. Heidelberg 2008 (Springer)

Bildnachweis

Seite 14, 90: Aus: Albrecht Beutelspacher, Wie man in eine Seifenblase schlüpft. Die Welt der Mathematik in 100 Experimenten, München 2015, Foto: Rolf K. Wengst

Seite 49 und 106: © akg-images/Mondadori Portfolio/Veneranda Biblioteca Ambrosiana

Seite 53, 171: Aus: Albrecht Beutelspacher, Wie man in eine Seifenblase schlüpft. Die Welt der Mathematik in 100 Experimenten, München 2015, Grafiken: Marc-A.Zschiegner

Seite 74: http://openclipart.org/media/files/flomar/6069

Die übrigen Grafiken wurden vom Autor erstellt.